Bauten

Biberburg
Seite 30 – 31

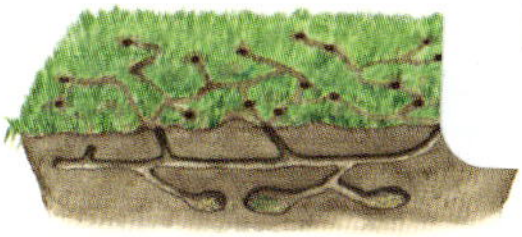

Unterirdische Bauten
Seite 32 – 33, 36, 41 – 42

Eichhörnchenkobel
Seite 38 – 39

Igelnest
Seite 40

Nester Seite 43 – 44, 47 – 48, 52 – 55

Nester an Gebäuden
Seite 50 – 51

Nesthöhlen
Seite 45 – 46

Sandbadeplätze
Seite 52 – 53

Ameisenbau
Seite 63

Gallen
Seite 64 – 65

Hornissennest
Seite 66

Nusskinderstube
Seite 67

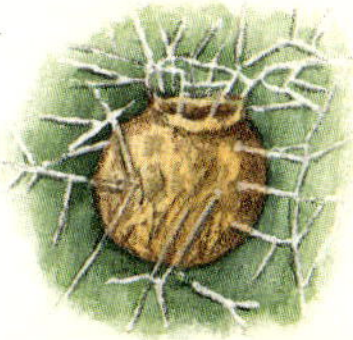

Kokons
Seite 62, 71

Sandhäufchen Regenwurm
Seite 62

Sandhäufchen Wattwurm
Seite 75

Anita van Saan

Welche Tierspur ist das?

entdecken • erkennen • erleben

KOSMOS

Impressum

Mit Illustrationen von:
Esther von Hacht; Ausnahmen: Marianne Golte-Bechtle: S. 20 (Schalen Scheidenmuschel), 21 (Eier Wellhornschnecke), 65 m.l., 74, 76, 77 u.; Steffen Walentowitz: S. 5 (Federn, Wellhornschnecke), 15 (Gewölle Habicht), 17 (Haselnüsse), 20 (Federn Habicht, Schere Strandkrabbe), 21 (Eier Tintenfisch), 43, 49, 51, 54 ml., 55 u.l., 62 m.l., u.l., 67, 72, 73, 75, 77 m.l., 92 (Erpellocke), 93 (Wattwurm, Krabbenschere); Jürgen Willbarth: S. 17 (Igelnest), 40 u.l., 54 u., 55 m.r., 62 u.r., 65 u.r., 68 u. (2), 92 (Galle, Exuvie)

Mit Farbfotos von:
amphibol/Fotolia.com: S. 76; arokhv/Fotolia.com: S. 47; ArTo/Fotolia.com: S. 78 (Plastikschüsseln); Richard Bartz/Fotolia.com: S. 57; Anselm Baumgart/Fotolia.com: S. 88 o.l.; Heiko Bellmann/Kosmos: S. 65, 68, 70, 84 (Gartenkreuzspinne); Martina Berg/Fotolia.com: S. 87 o.; Bildermehr/Fotolia.com: S. 56; Jacek Chabraszewski/dreamstime.com: S. 9; Chris32m/Fotolia.com: S. 53; Cmoffat/Fotolia.com: S. 33; emer/Fotolia.com: S. 40; Alexander Erdbeer/Fotolia.com: S. 43; fakruljamil/Fotolia.com: S. 78 (Maßband); faltner/Fotolia.com: S. 73; Martin Filzwieser/Fotolia.com: S. 58; Fotofrank/Fotolia.com: S. 74 u.; Frogkick/Fotolia.com: S. 72; Peter M. Gregor: S. 78 (Becherlupe), 88 u., 89 o. (2), 90 (2); Peter M. Gregor/Nele Gregor: S. 91 m.; Hubertus Griesche/Fotolia.com: S. 66; Arto Hakola/Shutterstock.com: S. 69; Friedrich Hartl/Fotolia.com: S. 24; Frank Hecker: S. 26 m., 29 u., 34, 49, 62, 67, 74, 77, 78 u.r., 79, 80 u., 85 o. (Spinne), u. (Spinne, Netz), 86 o., u., 89 u., 91 u.; hemlep/Fotolia.com: S. 82 u.l.; Pia und Winfried Heß: S. 81 o. (2); hfox/Fotolia.com: S. 45; Sven Hoppe/Fotolia.com S. 36; Patrick J./Fotolia.com: S. 28; Joker535/Fotolia.com: S. 87 u.; Malgorzata Kistryn/Fotolia.com: S. 55; Dan Klimke/dreamstime.com: S. 61; Oleg Kozlov/Fotolia.com: S. 88 o.r.; Wolfgang Kruck/Fotolia.com: S. 35, 52; Harald Lange/Fotolia.com: S. 50; Langer/Fotolia.com: S. 51 u.; NICOLAS LARENTO/Fotolia.com: S. 26 o.; Alfred Limbrunner: S. 84 (2 Netze), 85 o. (Netz); Mikenorton/Shutterstock.com: S. 24; mite/Fotolia.com: S. 41; Bruno Mueller/Fotolia.com: S. 63; Joachim Neumann/Fotolia.com: S. 48; Kira Nova/Fotolia.com: S. 23 u.; Olszewski/Shutterstock.com: S. 59; Onkelchen/Fotolia.com: S. 83; Maciej Sven Petersen/Fotolia.com: S. 7, 38; Petrabarz/Fotolia.com: S. 42; Piepette/Fotolia.com: S. 75; Dirk R./Fotolia.com: S. 46; Redkaya/Shutterstock.com: S. 91 o.; Michael Rieth/Fotolia.com: S. 60; Sauer/Hecker: S. 64; Menno Schaefer/Shutterstock.com: S. 2–3; E. Schittenhelm/Fotolia.com: S. 54; sid221/Fotolia.com: S. 51 o.; Smit/Shutterstock.com: S. 22, 23; Stoney79/Fotolia.com: S. 71; Sumos/Fotolia.com: S. 80 m.; taelove7/Shutterstock.com: S. 78 (Fotoapparat); Michael Tieck/Fotolia.com: S. 80 o.; Alfred Tschui/Fotolia.com: S. 32; TTphoto/Shutterstock.com: S. 81 u.; Vchphoto/Fotolia.com: S. 30; wol/Fotolia.com: S. 44; B. Wylezich/Fotolia.com: S. 87 m.; alexandre zveiger/Fotolia.com: S. 82 o.

Mit Symbolen von Torsten und Carsten Odenthal, Köln, und Sigrid Walter, Würzburg

Umschlaggestaltung von Init GmbH, Bielefeld unter Verwendung eines Fotos von Sylvain Cordier/gettyimages (Rehkitz) und eines Fotos von Frank Hecker (Rehspur).

FSC www.fsc.org
MIX
Papier aus verantwortungsvollen Quellen
FSC® C015829

Gedruckt auf chlorfrei gebleichtem Papier

ISBN: 978-3-440-14337-7
Redaktion: Dr. Heike Herrmann, Franka Nickel
Gestaltungskonzept: Britta Petermeyer
Satz: Walter Typografie & Grafik GmbH
Produktion: Verena Schmynec
Printed in Italy / Imprimé en Italie

Inhalt

Hallo, liebe Spurensucherin und lieber Spurensucher!

Möchtest du nachforschen, welche Tiere bei dir im Garten, aber auch im Wald und auf der Wiese oder am Meeresstrand leben? Die scheuen Tiere selbst bekommst du nicht oft zu Gesicht. Aber sie hinterlassen viele Spuren. Willst du die einzelnen Arten anhand ihrer Spuren nachweisen? Dann solltest du dieses Buch lesen, denn es hilft dir dabei, 66 Tierarten „auf die Spur" zu kommen.

Beim Blättern durch die Seiten erfährst du, wo die unterschiedlichen Tierarten leben, wann sie aktiv sind, wie sie sich fortbewegen, wo sie sich verstecken, was sie fressen, ausscheiden, wie sie sich fortpflanzen und ihre Jungen großziehen. Gleich auf den ersten Seiten lernst du die Spuren kennen, die Tiere bei ihren Aktivitäten hinterlassen. Sie sind in bestimmte Gruppen eingeteilt wie in Trittspuren und Fährten, Kot und Gewölle, aber auch Nester und Bauten und typische Fraßspuren.

Tierspuren im Überblick

Mit ihrer Hilfe wird es dir ganz schnell gelingen, die Spur einer bestimmten Tierart zuzuordnen. Hast du z. B. einen angeknabberten Fichtenzapfen draußen in der Natur entdeckt, findest du unter der Kategorie Fraßspuren eine Seitenangabe zum passenden Tierporträt.

Bestimmen leicht gemacht

Die jeweilige Farbleiste und ihre Symbole am oberen Rand der Tierporträt-Seiten helfen dir, mit einem Blick zu erkennen, welcher Tiergruppe die betreffende Tierart zugeordnet wird.

Die unterschiedlichen Farben bezeichnen die verschiedenen Tiergruppen. Für Säugetiere steht die Farbe Rot, für Vögel Blau, für Amphibien und Reptilien Grün und für Wirbellose Gelb.

60 Amphibien und Reptilien

Die Weinbergschnecke

Bei Hitze suchen Weinbergschnecken kühle Stellen (z. B. in Mauerritzen) und bedecken ihre Schalenmündung. Dazu sondern sie Schleim ab, der zu einer Art Haut trocknet. Wenn es kühler wird, kriechen sie wieder heraus und suchen nach Nahrung. Im Spätherbst graben sich Weinbergschnecken ins Erdreich ein und verschließen ihr Schneckenhaus mit einem Kalkdeckel. Dort verharren sie den ganzen Winter in Kältestarre. Im Frühling stoßen sie den Deckel auf und kriechen nach oben.

Länge: bis zu 10 cm • Lebensraum: Waldränder, Büsche, Felder, Wegränder, Gärten, Parks

Die Weinbergschnecke frisst weiche Pflanzenteile. Beim Kriechen hinterlässt sie eine Schleimspur, die auf Blättern deutlich zu erkennen ist. Löcher an Nutzpflanzen zeigen dir, dass dort Schnecken unterwegs waren.

Zwischen Ende Juni und August graben Weinbergschnecken kleine Erdhöhlen und legen 40 – 60 Eier ab. Aus den Eiern schlüpfen winzige Schnecken mit einem Gehäuse, das noch ganz weich ist und erst später nach Einlagerung von Kalk hart wird.

Die Weinbergschnecke kannst du von März bis Oktober beobachten.

Die farbige Leiste ganz unten auf der Seite zeigt dir, wann du das betreffende Tier in seinem Lebensraum beobachten kannst. Das Eichhörnchen zum Beispiel kannst du ganzjährig beobachten, während du den Igel nur von April bis spätestens November zu Gesicht bekommst. Die entsprechenden Monate sind farblich markiert. Über der Leiste findest du noch eine Angabe, die dir zusätzlich sagt, ob die Tiere tagsüber oder nachts und in der Dämmerung aktiv sind.

Die hellblauen **Wichtig zu wissen!**-Kästen verraten dir interessante Zusatzinfos über die jeweiligen Tiere. Die grünen **Schau genau!**- und die gelben **Mach mit!**-Kästen geben dir Tipps zum Beobachten und Selbermachen. In den lilafarbenen **Erstaunlich!**-Kästen findest du verblüffendes Detailwissen oder Rekorde. In den roten **Vorsicht!**-Kästen stehen Tipps zum richtigen Verhalten in besonderen Situationen.

Wie die Tierart aussieht, zeigt das Foto im orangefarbenen Kasten. Aus der Bildunterschrift erfährst du, wie groß das Tier ist, in welchem Lebensraum es vorkommt und welche Besonderheiten es gibt.

Länge: 20 – 25 cm • Lebensraum: Wald, Parks, Gärten

Damit du die Information, die du suchst, im Text schnell findest, ist den Spurengruppen eine kleine Zeichnung (Symbol) zugeordnet. Welche Symbole gibt es, fragst du jetzt vielleicht? Das erfährst du auf den nächsten Seiten.

Kleine Spurenkunde

Fußabdrücke, die Tiere im Schnee hinterlassen, hast du bestimmt schon einmal gesehen. Es gibt aber noch jede Menge anderer Tierspuren, die ein Naturdetektiv entdecken kann. Die meisten findest du in diesem Buch.

Bauten, Nester, Ruheplätze
Tiere müssen sich auch einmal ausruhen, schlafen oder ein Versteck aufsuchen, in dem sie vor Kälte geschützt sind oder sich vor Feinden sicher fühlen. Das können z. B. Nester, Wohnlöcher oder Mulden sein.

Fraßspuren
Nahrungsreste wie angeknabberte Früchte, angebohrte Nüsse, abgeschälte Rinde, Löcher in Blättern, zertrümmerte Schneckengehäuse oder Fraßgänge im Holz geben Auskunft darüber, wer hier am Werk war.

Beutereste
Hat ein Tier ein Beutetier erwischt und getötet, hinterlässt es oft Reste. Manche Tiere legen sich eine richtige Speisekammer an!

Losung und Gewölle
Wer etwas frisst, muss Unverdauliches als Kot (in der Jägersprache „Losung" genannt) wieder ausscheiden oder (wie viele Greifvögel) als Gewölle (Speiballen) aus dem Schnabel herauswürgen. Mit Kot oder Urin markieren einige Tierarten auch ihr Revier.

Badeplätze
Ihr Fell oder Gefieder reinigen die Tiere an einem bestimmten Platz. Zum „Waschen" benutzen sie aber nicht immer Wasser, auch Sand und Schlamm sind beliebt.

Trittspuren und Fährten
Trittspuren, in der Jägersprache auch „Trittsiegel" genannt, sind auf schlammigen, feuchten und schneebedeckten Böden besonders gut zu erkennen. Trittspuren von zwei oder vier Füßen bilden eine Fährte. Achte darauf, dass bei manchen Tieren die Vorder- und Hinterfüße unterschiedlich sind.

Tierstraßen
Viele Tiere (z. B. Rehe oder Hirsche) wandern nicht einfach so durchs Gebüsch, sondern bewegen sich auf Pfaden, die sie immer wieder nutzen. Förster und Jäger nennen die Pfade großer Säugetiere „Wildwechsel".

Kratzspuren
Viele Tiere haben Krallen und können damit kratzen oder scharren. Die Kratzspuren, die sie im Boden oder an Pflanzen hinterlassen, geben Aufschluss darüber, welche Tierarten in der Umgebung leben.

Häute
Schlangen besitzen eine starre, schuppige Haut. Wenn die Schlange wächst, wird der Schuppenpanzer zu eng. Deshalb muss sich das Tier häuten. Die abgestreifte Haut bleibt liegen und mit etwas Glück findest du das „Natternhemd". Wenn sich Eidechsen häuten, löst sich die Haut nicht im Ganzen, sondern in Fetzen, die man nicht so leicht entdeckt.

Geweihe
Männliche Hirsche und Rehe tragen ein Geweih, das sie jedes Jahr abwerfen.

Gehäuse, Schalen, Skelette
Gehäuseschnecken und Muscheln haben ihr Haus bei sich. Es ist aus Kalk gebaut und bleibt erhalten, auch wenn das Tier bereits gestorben ist.

Federn
Vögel werfen ihre alten Federn ab. Sie wachsen wieder nach wie unsere Haare. Erbeutet ein anderes Tier einen Vogel, bleiben auch häufig ausgerupfte Federn zurück. Die Art, wie sie ausgerissen wurden, gibt Hinweise auf den Jäger.

Eier, Gespinste, Gallen und Kokons
Vögel und Kriechtiere (z. B. Schlangen, Eidechsen) legen in Nester oder Bodenmulden Eier, aus denen Jungtiere schlüpfen. Amphibien (z. B. Frösche, Molche, Kröten) geben viele kleine Eier ins Wasser ab. Auch Schnecken legen Eier, aus denen Jungschnecken schlüpfen. Manche Würmer oder Insekten bauen zur Fortpflanzung Gespinste oder Kokons, in denen sie ihre winzigen Eier ablegen. So sind diese besser geschützt.

Naturdetektive

Vielleicht willst du nicht nur Tiere beobachten und ihre Spuren bestimmen, sondern auch noch Tipps bekommen, was man alles Spannendes erleben kann, wenn man als Spurensucher unterwegs ist? Dann blättere zu den Seiten 78 bis 91. Hier erfährst du beispielsweise, welche Trittspuren Haustiere hinterlassen, wie Spinnen ihre Beute jagen, welche Fundstücke bei einem Strandspaziergang zu entdecken sind und wie man Tierspuren aufbewahren kann. Nicht zuletzt lernst du auch, welche Dinge auf deinen Streifzügen nützlich zum Sammeln und Basteln sind und ganz wichtig, wie sich achtsame Spurensucher verhalten sollten.

Raus in die Natur!

Scheint heute die Sonne? Dann packe doch gleich deinen Rucksack und mach dich auf zu einem Streifzug. Auf der Seite 78 kannst du noch schnell nachlesen, was du alles mitnehmen solltest!

Und dann raus in die Natur. Wer findet die erste Spur? Viel Spaß beim Forschen, Sammeln und Entdecken!

Trittspuren und Fährten

Jede Trittspur, in der Jägersprache auch „Trittsiegel“ genannt, stammt von einem Fuß. Paarhufer tragen an jedem Fuß zwei Zehen mit Hufen aus hartem Horn. Unpaarhufer (z. B. Pferd, Esel) haben Füße mit einer ungeraden Zahl von Zehen. Andere Säugetiere (z. B. Hase, Hund) haben Füße, die man „Pfoten“ nennt.

Trittspuren von Wildtieren (Paarhufer)

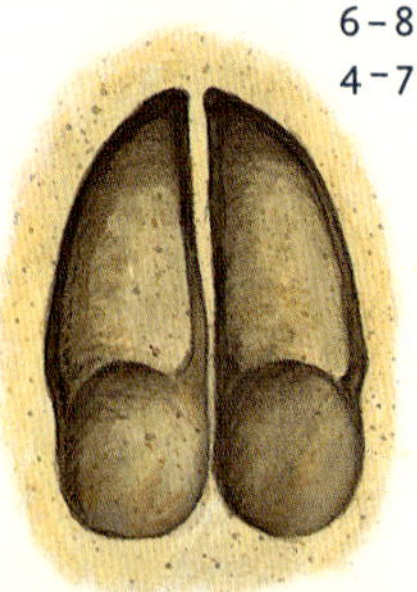

Rothirsch (S. 24)
6 – 8 cm lang,
4 – 7 cm breit

Reh (S. 26)
3,5 – 5 cm lang, 2 – 3 cm breit

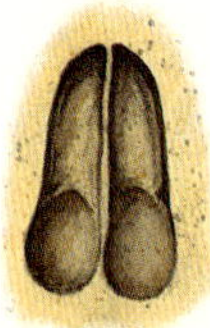

Wildschwein (S. 28)
8 – 12 cm lang,
6 – 7 cm breit

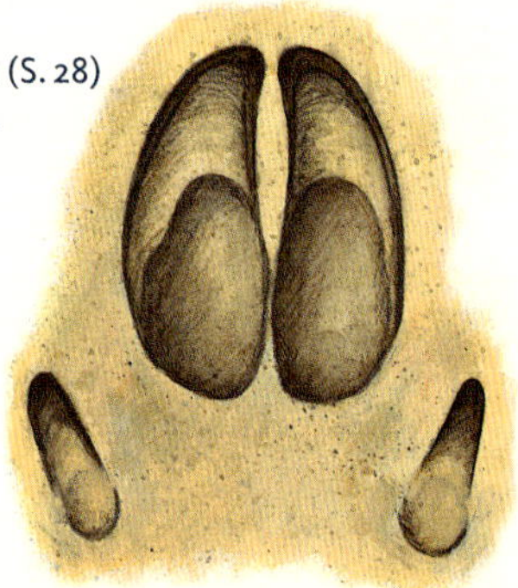

Trittspuren von Nutztieren (Paarhufer)

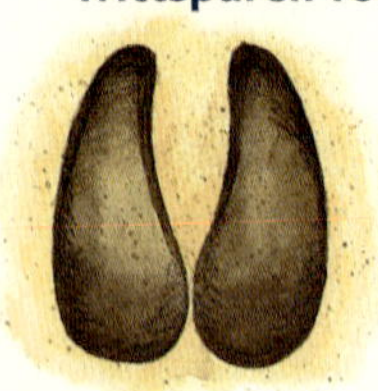

Ziege
4 – 5 cm lang,
3 – 4 cm breit

Schaf
5 – 6 cm lang,
4 – 5 cm breit

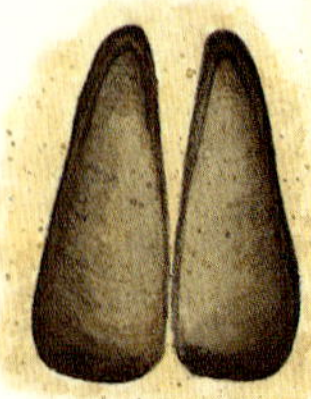

Rind
10 – 12 cm lang,
9 – 10 cm breit

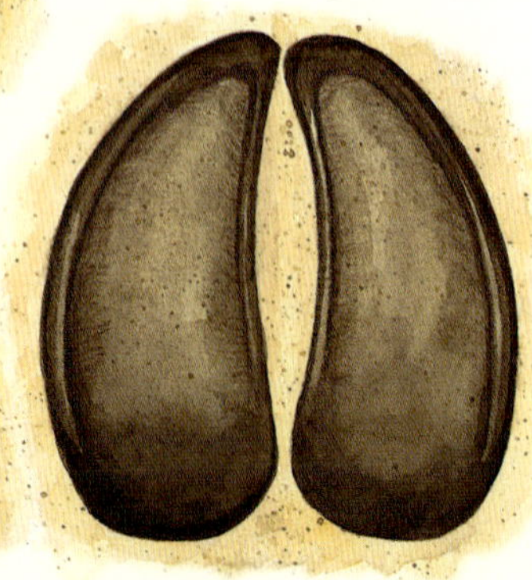

Trittspuren von Nutztieren (Unpaarhufer)

Pferd
11 – 14 cm lang,
10 – 14 cm breit

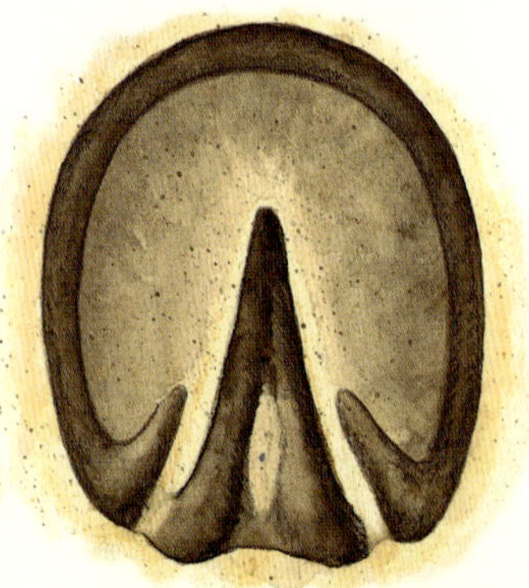

Der Abdruck einer Pfote weist meist einen Hauptballen, mehrere Zehenballen und Krallen auf. Bei manchen Tieren sind die Vorder- und Hinterfüße sehr unterschiedlich! Die Trittspur eines Vogels erkennst du an drei nach vorn gerichteten Zehen und einem nach hinten gerichteten Zeh. Wasservögel tragen Schwimmhäute zwischen den Zehen.

Trittspuren von Wildtieren („Pfotengänger")

(VF = Vorderfuß, HF = Hinterfuß)

Rotfuchs (S. 32)
4 – 5 cm lang,
3 – 4 cm breit

Steinmarder
(S. 34)
3,5 – 4,5 cm lang,
3 – 4 cm breit

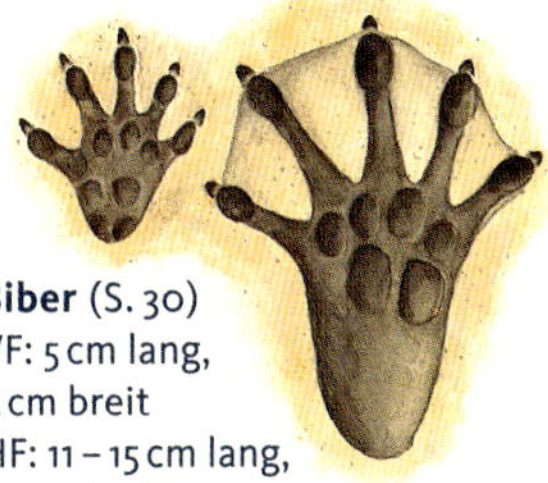

Biber (S. 30)
VF: 5 cm lang,
4 cm breit
HF: 11 – 15 cm lang,
10 cm breit

Igel (S. 40)
3,5 cm lang,
2,5 cm breit

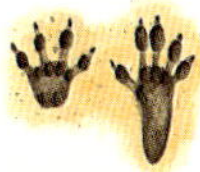

Eichhörnchen (S. 38)
VF: 3 – 4 cm lang,
1,5 – 2 cm breit
HF: 4 – 5 cm lang,
2,5 – 3,5 cm breit

Dachs (S. 33)
5 – 7 cm lang,
4 – 5 cm breit

Feldmaus (S. 41)
1 – 2,7 cm lang,
1 cm breit

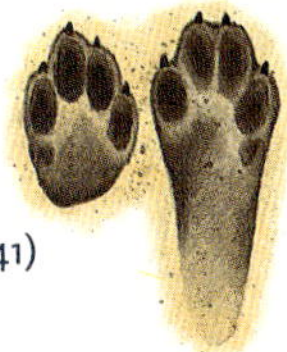

Feldhase (S. 35)
VF: 5 cm lang,
3 cm breit
HF: 6 – 8 cm lang,
3,5 cm breit

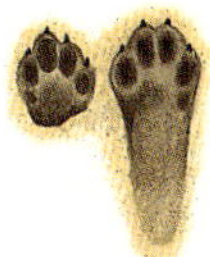

Wildkaninchen (S. 36)
VF: 3 cm lang, 2,5 cm breit
HF: 4 cm lang,
2,5 – 3 cm breit

Trittspuren von Haustieren („Pfotengänger")

Hauskatze
2,5 – 3,5 cm lang,
etwa 3 cm breit
(keine Krallen sichtbar!)

Hund
2,5 – 13 cm lang
(je nach Rasse; Ballen stehen dichter beieinander als beim Fuchs)

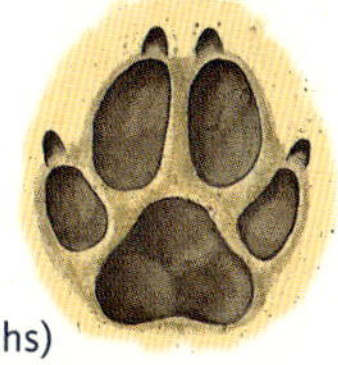

Trittspuren von Vögeln

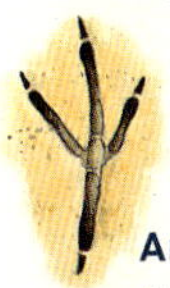

Amsel (S. 44)
5,5 cm lang,
3 cm breit

Rebhuhn (S. 52)
2,5 – 4 cm lang,
3 – 3,5 cm breit

Fasan (S. 53)
6,5 – 7,5 cm lang,
6 – 6,5 cm breit

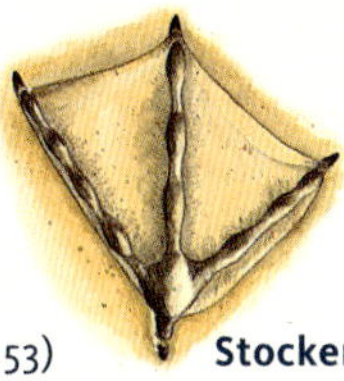

Stockente (S. 55)
7 – 8 cm lang,
7 – 8 cm breit

Fährten (Trittspuren von zwei oder vier Füßen) sagen dir, in welche Richtung das betreffende Tier gegangen und wie schnell es gelaufen ist. Rennt ein Tier sehr schnell, sind die Abstände zwischen den Fußabdrücken besonders groß. Achte darauf, dass bei manchen Tieren die Vorder- und Hinterfüße unterschiedlich sind!

Wildtier-Fährten

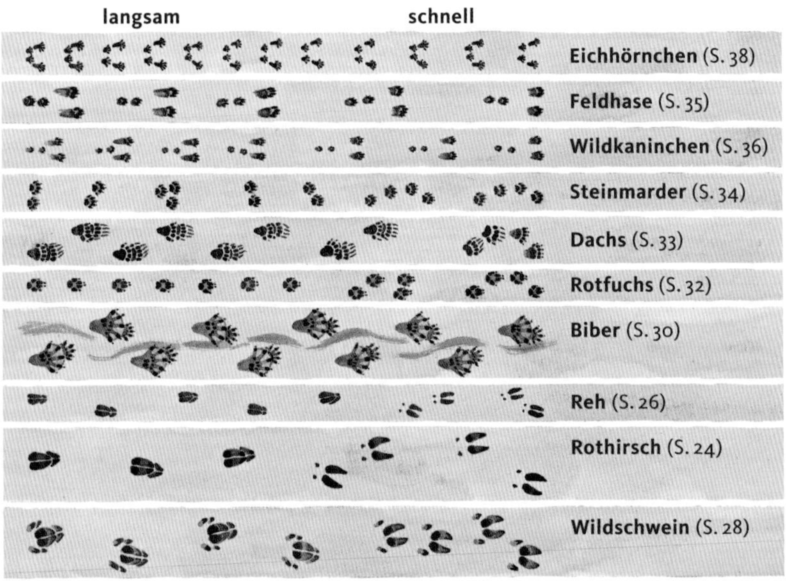

Haustier-Fährten

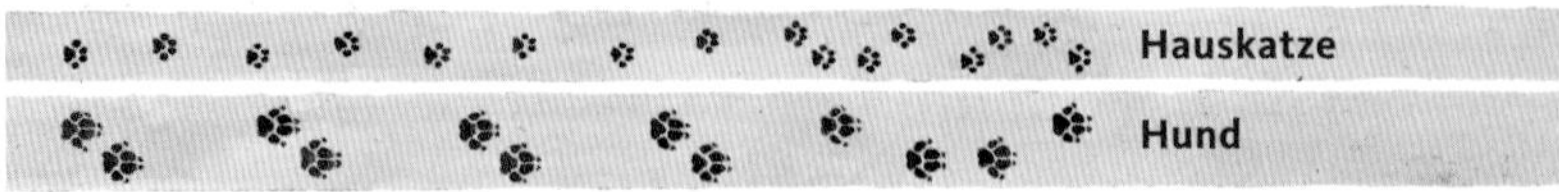

Viele Tiere (z. B. Rehe oder Hirsche) bewegen sich auf Pfaden, die sie immer wieder nutzen. Förster und Jäger nennen diese Pfade Wildwechsel. Auch kleine Tiere wie z. B. Feldmäuse (S. 41) legen sich Wege an, die zum Eingang ihrer Baue führen. Auf diesen Wegen können sie sich blitzschnell bewegen und finden bei Gefahr sofort Schutz in ihrem Bau.

Kot und Gewölle

Manche Tierarten fressen Pflanzen, andere tierische Nahrung (Fleisch, Eier) und wieder andere sind Allesfresser, das heißt, sie können sich von pflanzlicher und tierischer Kost ernähren. So unterschiedlich wie die Nahrung von Tieren ist, so unterschiedlich ist auch das, was die einzelnen Arten als Kot ausscheiden. Deshalb sieht der Kot von ein und derselben Tierart im Winter manchmal anders aus als im Sommer.

Kot von Pflanzen fressenden Wildtieren

Feldhase (S. 35)
Durchmesser 1,5 – 2 cm

Wildkaninchen (S. 36)
Durchmesser 0,8 – 1 cm

Rothirsch (S. 24)
2 – 2,5 cm lang, 1,3 – 1,8 cm breit

Reh (S. 26)
1 – 1,4 cm lang, 0,7 – 1 cm breit

Feldmaus (S. 41)
0,4 – 0,5 cm lang

Kot von Pflanzen fressenden Nutztieren

Schaf
1 cm lang

Ziege
1 cm lang

Pferd
Apfelgröße

Rind
Breite ca. 30 cm

Kot von Allesfressern

Igel (S. 40)

Dachs (S. 33)
unterschiedlich in der Form, in gescharrten Löchern (Latrinen) zu finden

Wildschwein (S. 28)
bis 10 cm lang, 7 cm breit

Rotfuchs (S. 32)
6 – 10 cm lang, 1,5 – 2 cm breit (deutlicher Raubtiergeruch!)

Kot von Raubtieren

Steinmarder (S. 34)
8 – 10 cm lang, 1 cm breit

Kot von Fleisch fressenden Haustieren

Hund
unterschiedlich in Größe und Form

Hauskatze

Bei vielen Vögeln werden Kot und Urin gleichzeitig als dünnflüssiges Geschmeiß ausgeschieden. Entsprechende Spuren sind häufig in der Umgebung der Nester zu finden. Es gibt aber auch Vögel, die, je nachdem, was sie gefressen haben, eine geformte Losung hinterlassen.

Losung von Vögeln

Fasan (S. 53)
2 cm lang, 0,4 – 5 cm breit

Rebhuhn (S. 52)
unterschiedlich in Größe und Form

Amsel (S. 44)

Viele Vögel scheiden unverdauliche Nahrungsbestandteile aus, indem sie sie als Gewölle (Speiballen) aus dem Schnabel herauswürgen. Gewölle bilden z. B. Eulenvögel, Greifvögel, Möwen, Reiher, Kormorane, Raben, Krähen, Drosseln, Watvögel, Störche sowie weitere Vogelarten wie z. B. der Wendehals oder der Eisvogel. Was die Tiere gegessen haben, erkennst du, wenn du die Gewölle zerteilst und mit der Lupe und Pinzette untersuchst. Eulengewölle enthalten (im Unterschied zu Greifvogelgewöllen) neben Haaren und Federn auch Knochen von Mäusen und anderen Kleinsäugern.

Gewölle verschiedener Vogelarten

Schleiereule (S. 50)
2–7 cm lang, 2,5–3,5 cm breit

Mäusebussard (S. 48)
6–7 cm lang, 2,5–3 cm breit

Silbermöwe
3,5–5,5 cm lang, 2–3 cm breit

Habicht (S. 49)
6–7 cm lang, 2,5–3 cm breit

Krähen
3–7 cm lang, 2 cm breit

Turmfalke
2–4 cm lang, 1–2,5 cm breit

Neuntöter (S. 47)
2 cm lang, 1 cm breit

Nester und Bauten

Viele Tiere bauen sich Nester. Sie dienen zum Schlafen, zum Aufziehen der Jungen oder als Winterquartier. Die „Tierwohnungen" – Ruhe-, Rast- und Versteckplätze – sehen bei den einzelnen Tierarten ganz unterschiedlich aus und befinden sich auch an ganz unterschiedlichen Orten. Hier ein paar Beispiele:

Vogelnester

Säugetier-Nester

Eichhörnchenkobel (S. 38)
auf Bäumen, Durchmesser 30 – 50 cm

Erdnest einer Feldmaus (S. 41)

Biberbau (S. 30)
bis 2 m hoch, Durchmesser bis zu 12 m

Sasse eines Feldhasen (S. 35)
Mulde 10 – 12 cm tief

Unterirdische Säugetier-Bauten

Wildkaninchen-Bau (S. 36)
Eingangsloch: Durchmesser 10 – 15 cm

Eingangsloch eines Dachsbaus mit Rutschrinne (S. 33)
Durchmesser 30 cm

Igelnest (S. 40)

Feldmaushügel (S. 41)
Gänge: Durchmesser 3 – 4 cm

Eingangsloch eines Fuchsbaus (S. 32)
Durchmesser 20 – 25 cm, mit Losung und Raubtiergeruch!

Nicht nur große Tiere bauen Nester. Auch kleine Tierarten brauchen einen geschützten Platz für sich oder ihre Eier und Jungtiere.

Kinderstube Haselnussbohrer (S. 67)

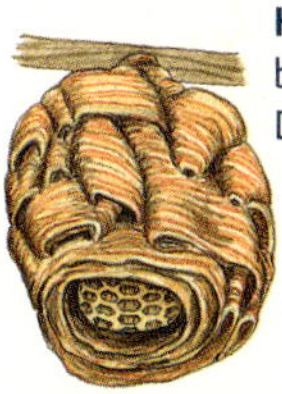

Hornissennest (S. 66)
bis 60 cm Höhe und Durchmesser 30 cm

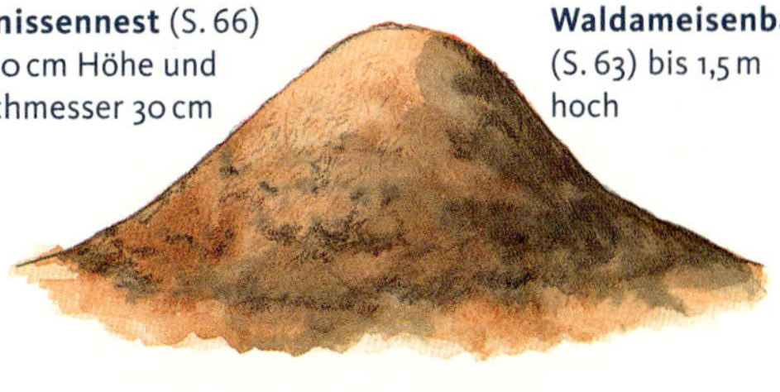

Waldameisenbau (S. 63) bis 1,5 m hoch

Kokon einer Wespenspinne (S. 71)
3 – 4 cm lang

Fraßspuren

Ob Pflanzenfresser oder Beutejäger, jede Tierart hat ihre besonderen Vorlieben, was die Nahrung angeht. Manchmal mögen zwei Tierarten genau dasselbe. Die Art, wie sie ihre Lieblingsspeise anknabbern oder vertilgen, ist aber ganz unterschiedlich. An den Nahrungsresten und Bissspuren kannst du also erkennen, wer sie hinterlassen hat.

Fruchtreste

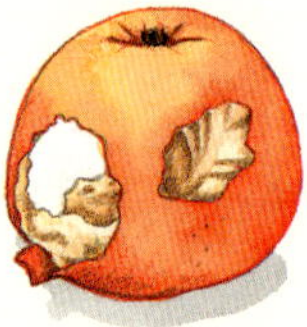

Amsel (S. 44)

Zapfenreste

Buntspecht (S. 46)

Eichhörnchen (S. 38)

Feldmaus (S. 41)

Rindenverbiss

Rothirsch (S. 24)

Nussschalenreste

Kleiber (S. 45)

Eichhörnchen (S. 38)

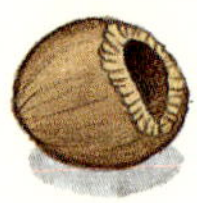

Feldmaus (S. 41)

Ringelung

Wildkaninchen (S. 36)

Fegung

Reh (S. 26)

Nageschäden

Benagung des Bibers (S. 30) 0,5 m über dem Boden

Fraßspur an Pflanzen

Schnecke (S. 61)
Fraßspuren am Blatt

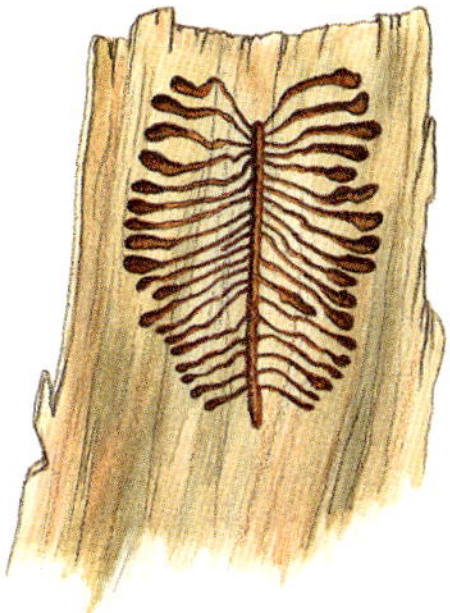

Buchdrucker (S. 70)
Fraßgänge im Holz

Viele Pflanzenfresser (z. B. Eichhörnchen oder Eichelhäher) sammeln im Herbst Vorräte für den Winter. Auch Allesfresser und Beutejäger legen sich Vorräte an. Wenn das Nahrungsangebot gut ist, erbeuten sie gleich mehrere Beutetiere und bewahren sie für schlechtere Zeiten auf. Der Vorratsplatz und die Art und Weise, wie die Beutetiere dort abgelegt wurden, verraten dir, wer gejagt und sich eine Speisekammer angelegt hat.

Beutereste

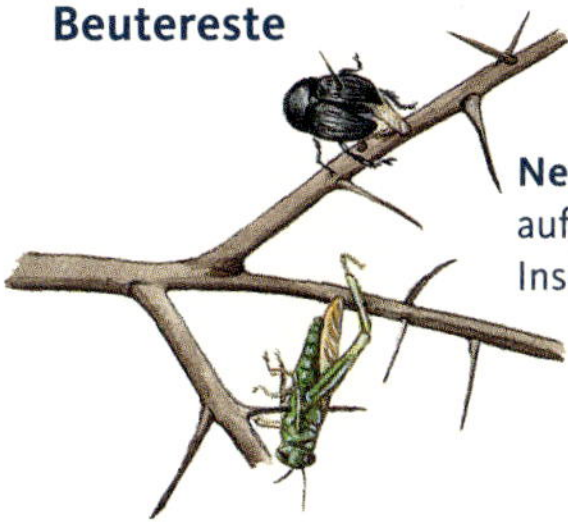

Neuntöter (S. 47)
aufgespießte Insekten

Sperlingskauz
erbeutet kleine Tiere und Vögel

Hackspuren von Spechten

Grünspecht
Waldameisen-haufen

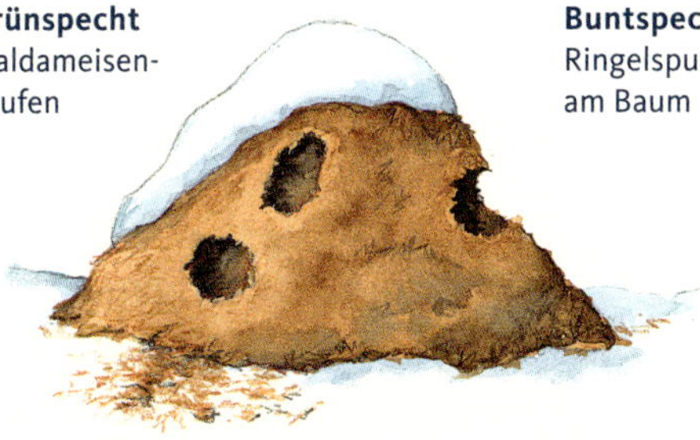

Buntspecht (S. 46)
Ringelspuren am Baum

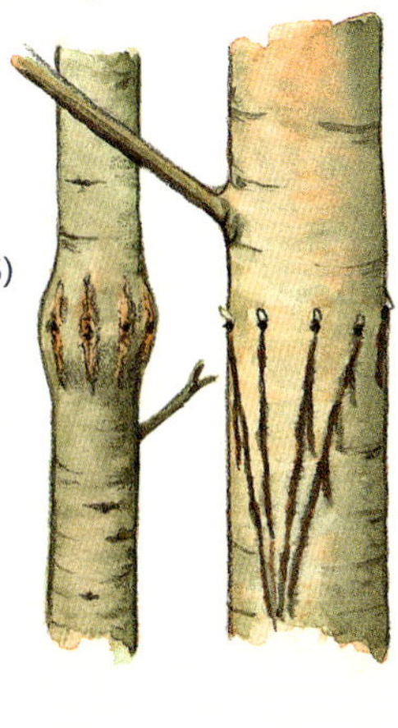

Sonstige Spuren

Federn

Größe, Form und Färbung von Federn sagen dir, welche Vogelart sie hinterlassen hat.

Habicht (S. 49)

Mäusebussard (S. 48)

Fasan (S. 53)

Rebhuhn (S. 52)

Taube

Buntspecht (S. 46)

Tierhäute

Schlangen und kleine wirbellose Tiere wie z. B. die Libelle häuten sich, wenn sie wachsen. Die abgestreifte Haut (die leere Hülle) von Krebsen, Spinnen und Insekten nennt man Exuvie.

Exuvie einer Großlibelle

„Natternhemd" der Ringelnatter (S. 59)

Gehäuse, Schalen und Skelette

Schalen-, Gehäuse- und Skelettreste geben dir Auskunft über ihre ehemaligen Bewohner.

Weinbergschnecke (S. 60)

Strandkrabbe (S. 73)

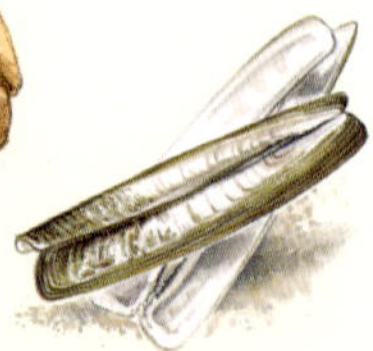

Scheidenmuschel (S. 76)

Vogeleier

Vögel und Kriechtiere (z. B. Schlangen, Eidechsen) legen in Nester oder Bodenmulden Eier, aus denen Jungtiere schlüpfen. Die Größe, Form und Färbung der Eier ist bei den einzelnen Vogelarten ganz unterschiedlich.

Neuntöter (S. 47) **Amsel** (S. 44) **Rebhuhn** (S. 52) **Fasan** (S. 53) **Mäusebussard** (S. 48)

Eier im Wasser

Amphibien (z. B. Frösche, Molche, Kröten), aber auch Meeresschnecken oder der Tintenfisch geben ihre Eier ins Wasser ab.

Tintenfisch (S. 72)

Wellhornschnecke (S. 77)

Erdkröte (S. 56) (Laichschnüre)

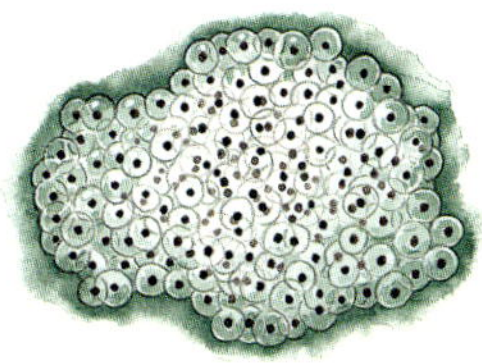

Grasfrosch (S. 57) (Laichballen)

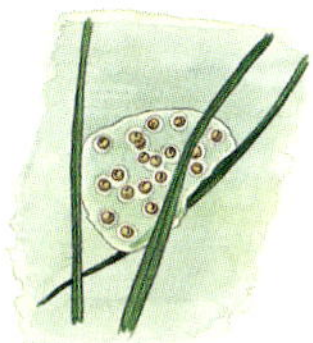

Laubfrosch (S. 58) (Laichballen)

Gallen und Schaumnester

Gallwespen und Gallmücken nutzen zur Eiablage Pflanzen. Diese bilden um die Eier runde, schützende Gebilde (z. B. Galläpfel), in denen sich die Larven entwickeln können. Die Larven von Schaumzikaden leben in einem Schaumnest.

Rosengallwespe (S. 65)

Eichengallwespe (S. 64)

Wiesenschaumzikade (S. 69)

Jahreszeitenkalender

Manche Tierspuren wirst du nur zu bestimmten Jahreszeiten entdecken. Denn so wie sich mit dem Stand der Sonne die Pflanzenwelt verändert, verändern sich auch Nahrungsangebot und Lebensweise der Tiere und damit auch die Spuren, die sie hinterlassen.

Mit dem Jahreszeitenkalender kannst du ganz gezielt auf Spurensuche gehen:

Frühjahr

In Bäumen bauen Vögel ihre Nester, der Specht hinterlässt eine Ringelspur an der Rinde und am Boden finden sich angeknabberte Zapfen von Eichhörnchen und Mäusen. An Gewässern laichen jetzt die Frösche und Kröten. Im März werfen die Rothirsche ihre Geweihe ab.

Sommer

An den Pflanzen sind Gallen, Schaumnester und Fraßspuren zu entdecken. Im Wald oder im Naturpark findest du Badeplätze von Wildschweinen, Fegespuren von Hirschen oder die sogenannten Hexenringe der Rehe (kreisförmige Trampelpfade, auf denen der Bock das Reh zur Paarungszeit jagt). Im Sommer liegen häufiger Federn am Boden als in den anderen Jahreszeiten. Jungvögel sind schon geschlüpft und machen erste Flugversuche.

Wenn es länger geregnet hat, dann hinterlassen viele Tiere ihre Spuren in der weich gewordenen Erde.

Herbst

Die Tiere sammeln Wintervorräte, legen sich einen Winterspeck an und hinterlassen viele Fraßspuren. Wildschweine z. B. durchwühlen jetzt gerne den weichen Boden auf der Suche nach Samen und Wurzeln. Ihre Spuren sind leicht zu erkennen. Rehböcke werfen im Herbst ihr Geweih ab. Bis Oktober hängt der Kokon der Wespenspinne zwischen den Pflanzen.

Winter

In den kahlen Bäumen kann man die Vogelnester gut sehen. Wespen und Hornissennester sind jetzt verlassen. Im Wald sind Schälungen an den Bäumen und Sträuchern auffällig. Tierspuren im Schnee sind leicht zu entdecken. Kleiber kann man beim Bau ihrer Bruthöhle beobachten.

Kleiderordnung für Naturforscher

Das Wetter kann sich zu jeder Jahreszeit schnell ändern, also achte bei deinen Ausflügen auf passende Kleidung. Hier noch ein paar Tipps:

- Eine Regenjacke sollte man immer dabei haben. Sie schützt nicht nur vor Regen und Wind, sondern ist auch eine gute Sitzdecke.
- Am besten ziehst du bequeme Gummistiefel oder feste, wasserdichte Schuhe an (am Strand auch Badeschuhe). So bist du gleich für einen Bach, Tümpel oder feuchten Untergrund ausgerüstet.
- Als Schutz vor Zecken solltest du lange Hosen und ein langärmeliges T-Shirt tragen.
- Eine Kappe im Sommer gegen die Sonne ist wichtig. Sonnencreme schützt deine Haut vor Sonnenbrand.

Der Rothirsch

Das Trittsiegel des Rothirschs ist breitoval mit zwei parallelen Hufabdrücken und hat eine stumpf abgerundete Spitze.

Maße: 6 – 8 cm lang, 4 – 7 cm breit

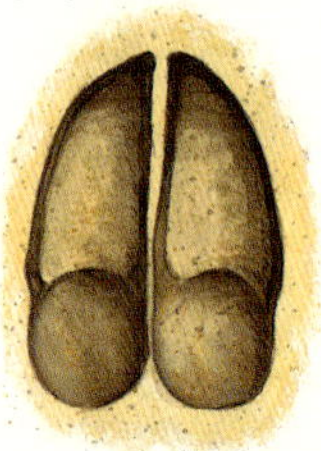

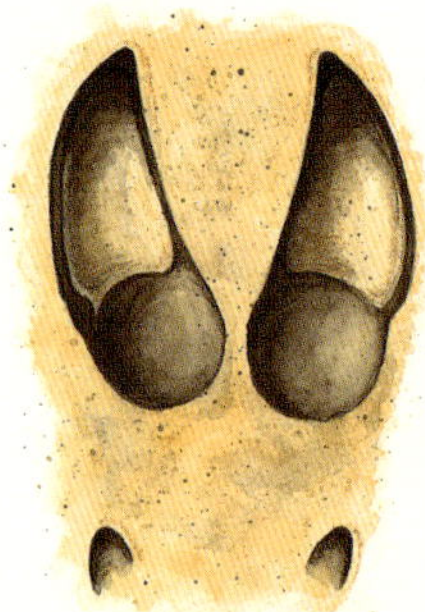

Bei flüchtenden Hirschen sind die Zehen gespreizt und die Afterklauen sichtbar.

Länge: 1,8 – 2,1 m • Lebensraum: Wälder mit großen Lichtungen • Weibchen und junge männliche Tiere bilden Rudel, ältere Böcke leben allein

Wichtig zu wissen!

In der Zeit von Februar bis März werfen die älteren Rothirsche ihr Geweih ab. Mit etwas Glück kannst du in dieser Zeit die kräftigen, mehr als 50 cm langen Geweihstangen mit mindestens fünf Enden am Waldboden entdecken. Schon nach vier Monaten ist das Geweih wieder nachgewachsen. Während es wächst, ist es von einer behaarten Haut (Basthaut) überzogen. Im Juli und Anfang August streifen die Hirsche die Basthaut ab, indem sie das Geweih an Zweigen und Sträuchern fegen (reiben). Oft sind dann an den betreffenden Bäumen oder Büschen Zweige abgerissen oder die Rinde ist in einer Höhe von 1 – 1,5 m Höhe verletzt.

Abgeworfenes Geweih

Der Rothirsch ist das ganze Jahr über nachts und in der Dämmerung aktiv.

Rothirsche ernähren sich im Sommer von Gras, Laub, Eicheln, Bucheckern, Kastanien oder Pilzen, im Winter schälen sie die Rinde von Bäumen oder knabbern die Spitzen junger Tannenzweige ab. Achte auf Bäume mit abgehobelter Rinde und Furchen auf dem Stamm!

Meist trabt das Rothirsch-Rudel gemeinsam zu einem Äsungsplatz (Fressplatz) oder einer Futterstelle. Dort findet man die Losung der Tiere. Die faserigen, fast kugeligen „Bohnen" haben, wenn sie von männlichen Tieren stammen, an einem Ende eine kleine Spitze, am anderen sind sie eingedellt.

Losung vom Männchen

weibliche Losung

Maße: 2 – 2,5 cm lang, 1,3 – 1,8 cm breit

Weibchen hinterlassen Bohnen mit abgerundeten Enden. Im Winter sind sie meist hart, schwarzbraun, glänzend und einzeln liegend, im Sommer weicher und zusammengeballt.

Das Reh

Das Trittsiegel des Rehs mit zwei parallelen Hufabdrücken findest du meistens an ihren Fressplätzen. Es ist schmal und läuft spitz zu.

Maße:
3,5 – 5 cm lang,
2 – 3 cm breit

Länge: 1,0 – 1,4 m • Lebensraum: Waldrandgebiete, Felder • morgens und abends auf dem Weg zu Fressplätzen

Ruheplatz eines Rehs

Bevor sich Rehe zum Schlafen legen, scharren sie an ihrem Ruheplatz alles Störende (z. B. Zweige, Schnee) vom Boden weg. Wenn du eine Stelle entdeckst, an der das Gras auf einer Waldlichtung eingedrückt ist oder im Winter der Schnee weggescharrt wurde, könnte es sich um ein Rehbett handeln. Zur Paarungszeit Ende Juli bis Anfang August sind auf Waldwiesen, meist am Waldrand rund um Büsche oder Steine, sogenannte Hexenringe zu finden. Sie entstehen, wenn der Rehbock die Ricke verfolgt und in Kreisen oder Achterschleifen vor sich hertreibt.

Wichtig zu wissen!

Im Herbst werfen die Rehböcke ihr Geweih ab. Es ist bis zu 30 cm lang und hat ein bis drei Enden. Im nächsten Frühjahr reiben sich die Böcke an Bäumen und Sträuchern, oft am Waldrand, um die Basthaut vom nachwachsenden Geweih abzustreifen. Ist die Rinde in 60 – 80 cm Höhe abgeschält, sind Seitenzweige abgerissen und ist der Boden aufgewühlt, handelt es sich um die sogenannte Fegestelle eines Rehbocks. Mit dem Fegen markiert er auch sein Revier.

Das Reh ist das ganze Jahr über nachts und in der Dämmerung aktiv.

Rehe fressen Gras, Kräuter, Blätter, aber auch Feldfrüchte, Eicheln, Bucheckern, Pilze und Beeren. Im Winter beißen Rehe häufig Zweige, Knospen und junge Triebe von Bäumen und Sträuchern ab, die dadurch ihre Form verändern. Bei Nadelbäumen bildet sich dann meist ein kegelförmiger „Fußsack“ aus, der leicht zu erkennen ist.

Maße: 1 – 1,4 cm lang, 0,7 – 1 cm breit

Die Losung der Tiere liegt oft neben der Trittspur. Die Kotbohnen sind im Winter meist kugelig und seitlich eingedrückt mit kleiner Spitze. Im Sommer klumpen sie zusammen und sind breiiger.

Das Wildschwein

Das Trittsiegel des Wildschweins erkennst du an den zwei parallelen Hufabdrücken mit seitlich sichtbaren Afterklauen.

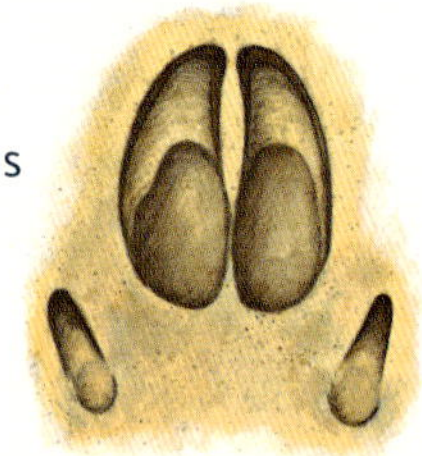

Maße: 8 – 12 cm lang, 6 – 7 cm breit

Länge: 1,3 – 1,8 m • Lebensraum: sumpfige Laub- und Mischwälder • leben in Familiengruppen (Rotten) mit bis zu 50 Tieren, männliche Tiere (Keiler) sind Einzelgänger

Um sich auszuruhen, graben Wildschweine flache Gruben (Kessel) in den Boden und polstern sie mit Laub und Moos aus.

Im Sommer suhlen sich Wildschweine gerne in Schlammpfützen, denn das kühlt ab. Nach dem Schlammbad reiben sie ihren Körper an den Stämmen von Bäumen (Malbäumen) ab, um mit dem angetrockneten Schlamm auch lästige Fliegen, Stechmücken oder Hautschädlinge loszuwerden. Schlammpfützen und schlammverklebte Baumstämme in einer Höhe von 0,5 – 1 m sind kaum zu übersehen. Vielleicht entdeckst du dort auch Wildschweinborsten.

Das Wildschwein ist das ganze Jahr über aktiv.

Jan | Feb | Mär | Apr | Mai | Jun | Jul | Aug | Sep | Okt | Nov | Dez

Wildschweine sind Allesfresser. Neben Eicheln, Beeren, Pilzen, Getreide oder Kartoffeln vertilgen sie auch kleine Tiere (z. B. Mäuse, Frösche), Eier, Insektenlarven und Aas. Ihre Nahrung, die sie auf weite Entfernungen und sogar unter der Erde riechen können, suchen sie sich nicht nur im Wald, sondern auch am Waldrand, in Äckern, auf Wiesen oder Feldern. Um etwas Fressbares zu finden, brechen und graben die Tiere großflächig den Boden auf.

Mach mit!

Die Trittsiegel von Tieren im Boden z. B. von Wildschweinen kannst du ausgießen. Schneide dazu die Oberseite des Deckels eines Schuhkartons aus, sodass nur noch der Rand übrig bleibt. Lege den Papprand um die Trittspur und drücke ihn in den Boden. Bitte einen Erwachsenen, in einem großen Joghurtbecher Gips mit Wasser anzurühren. Gieße den zähflüssigen Gipsbrei in den Abdruck (etwa 2 cm hoch) und warte, bis der Gips hart geworden ist. Das dauert etwa 30 – 45 Minuten. Löse nun den Gipsabdruck vom Untergrund und entferne den Papprand.

Neben durchwühlten Bodenflächen und Trittspuren findest du sicherlich auch Losung. Die frischen Kotklumpen sind schwarz, wurstartig und unregelmäßig geformt. Nach einiger Zeit verfärben sie sich an der Oberfläche grau und zerfallen in kleinere Abschnitte.

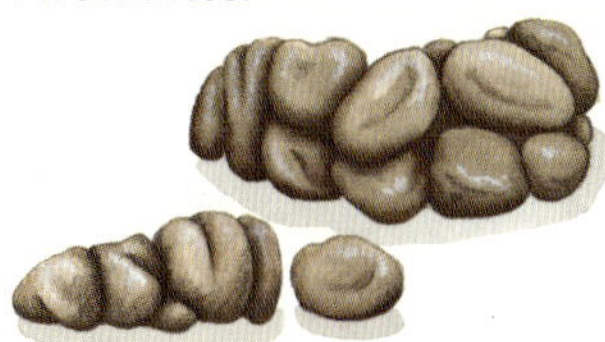

Maße: 10 cm lang, 7 cm breit

Der Biber

Länge: bis zu 1,4 m • Lebensraum: Bäche, Flüsse mit Bäumen am Ufer • gute Schwimmer/Taucher

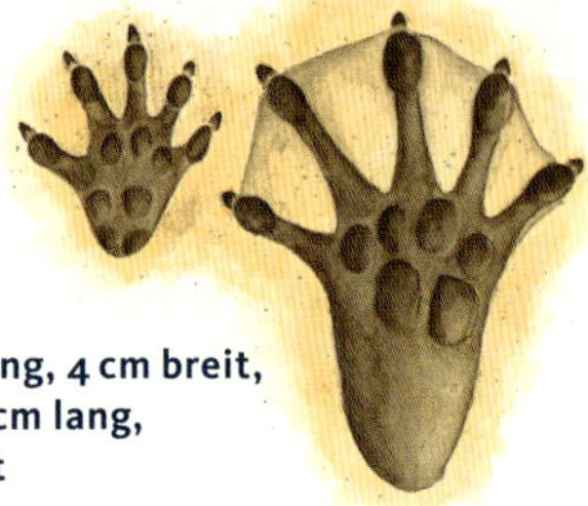

Maße:
VF: 5 cm lang, 4 cm breit,
HF: 11 – 15 cm lang,
10 cm breit

Fährten und Trittspuren des Bibers findest du an schlammigen Gewässerufern in der Nähe des Baus. Am Trittsiegel erkennst du fünf Zehen mit langen Krallen an den Vorderpfoten und kurzen Krallen an den Hinterpfoten. Auch die Umrisse der Schwimmhäute sind zu erkennen.

Die Biberfamilie, die aus dem Elternpaar und zwei Generationen von Jungtieren besteht, wohnt in der sogenannten Biberburg, die bis zu 12 m breit und 2 m hoch werden kann. Sie wird am Ufer aus Ästen, Zweigen und Schlamm gebaut und ist innen mit weichem Pflanzenmaterial ausgepolstert.

Der Biber ist das ganze Jahr über nachts und in der Dämmerung aktiv.

Der Eingang zur Wohnhöhle (Kessel) liegt unter, der Wohnkessel selbst über dem Wasser. Sinkt der Wasserstand im Bach oder Fluss, legen die Biber Dämme an, um das Wasser aufzustauen. In diesem „Teich“, der die Biberburg umgibt, wachsen nun verstärkt Wasserpflanzen, die den Tieren als Nahrung dienen. Der Eingang der Biberburg liegt vor Feinden geschützt unter Wasser. Innen ist es aber schön trocken.

Wichtig zu wissen!

Biber leben viele Jahre lang im selben Revier, das 1 – 3 km Fließstrecke umfasst. Die Grenzen markieren sie mit einem öligen Körpersekret, dem Bibergeil. Die Jungen kommen meist im Mai zur Welt. Sie werden etwa zwei Monate lang von der Mutter gesäugt. Im Alter von drei Jahren verlassen die Jungen das Revier der Eltern, wandern viele Kilometer weit weg und gründen selbst eine Familie.

Biber fressen im Sommer Triebe junger Bäume, Wasser- und Uferpflanzen, im Winter vor allem Baumrinde.

Mit ihren kräftigen Nagezähnen nagen sie dicke Baumstämme etwa 50 cm über dem Boden so an, dass sie wie eine Sanduhr aussehen.

Maße: 2 – 4 cm lang, 2 cm breit

Die Losung besteht aus dicken Kotkugeln mit Holzschnipseln, die meist im Wasser hinterlassen werden.

Der Rotfuchs

Länge: 0,62 – 0,75 m • Lebensraum: Wälder, Wiesen, Felder, Stadt

Das Trittsiegel erkennst du an einem Hauptballen, vier Zehenballen und Krallenabdrücken.

Maße:
4 – 5 cm lang, 3 – 4 cm breit

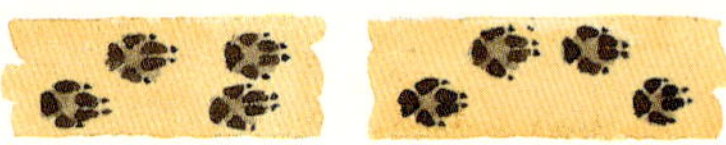

Rennt der Rotfuchs, entstehen sehr unterschiedliche Trittspuren. Verglichen mit einer gleich großen Hundespur ist die des Fuchses länglicher und schmaler.

Beim Traben treten die Hinterpfoten meist in die Spur der Vorderpfoten, sodass die Fährte wie eine Schnur aussieht.

Seinen Bau legt der Rotfuchs meist an einem Hang an. Das Eingangsloch ist ziemlich eng. Davor liegen Erdhaufen und oft auch Reste von Mahlzeiten.

Mäuse sind die Hauptnahrung des Rotfuchses. Er frisst aber auch Fallobst, Wildfrüchte, Vögel oder im Winter Aas.

Maße Losung:
6 – 10 cm lang,
1,5 – 2 cm breit

Die Losung des Rotfuchses ist wurstförmig und wird erhöht (z. B. auf Baumstümpfen, Steinen) abgesetzt. Sie riecht stark nach Raubtier.

Der Rotfuchs ist das ganze Jahr über nachts und in der Dämmerung aktiv.

Jan | Feb | Mär | Apr | Mai | Jun | Jul | Aug | Sep | Okt | Nov | D

Der Dachs

Das Trittsiegel weist einen dreigelappten Mittelballen sowie fünf Zehen an Vorder- und Hinterfuß auf. Die Krallen sind am Vorderfuß besonders groß und deutlich zu erkennen. Der Fersenballen ist meist nur am Hinterfuß sichtbar.

VF

HF

Maße: 5 – 7 cm lang, 4 – 5 cm breit

Länge: 0,62 – 0,72 m • Lebensraum: Laub- und Mischwälder, Parks

Den Bau mit der typischen Rutschrinne am Eingang legt der Dachs oft in Waldrandnähe an. Im Herbst polstert er ihn mit Heu, Moos, Farnkraut und Laub aus, damit er es schön gemütlich hat.

Wie der Rotfuchs ist auch der Dachs ein Allesfresser. Pflanzen und Früchte, aber auch Regenwürmer, Schnecken, Frösche oder Aas frisst er gern.

Ganz in der Nähe des Baus gräbt er sich 10 cm tiefe Gruben (Latrinen) als Klo, in die er dann seine Losung absetzt. Sie ist wurstförmig und enthält Haarreste, Knochen, Insekten oder Körner.

Der Dachs ist das ganze Jahr über nachts aktiv.

Jan	Feb	Mär	Apr	Mai	Jun	Jul	Aug	Sep	Okt	Nov	Dez

Der Steinmarder

Die Trittsiegel weisen neben dem Mittelballen meist Abdrücke von fünf Zehen mit Krallen auf.

Maße: 3,5 – 4,5 cm lang, 3 – 4 cm breit

Länge: 0,4 – 0,5 m • Lebensraum: Felder, Wiesen, Wälder, Parks, Stadt

Als natürliche Verstecke des Steinmarders dienen Felsspalten, Steinhaufen, aber auch Scheunen oder Dachböden. Sehr gern verstecken sich die Tiere im Motorraum von Autos, wo sie Zündkabel oder Kühlschläuche durchbeißen und Kratzspuren hinterlassen.

Steinmarder sind Allesfresser, bevorzugen aber tierische Nahrung (z. B. Mäuse, Vögel, Frösche, Insekten oder Vogeleier), im Sommer auch Früchte. Nicht selten verspeisen sie ihr Abendessen im Motorraum von Autos. Die Nahrungsreste (z. B. Eischalen) bleiben liegen, wenn das Tier längst verschwunden ist.

Die Losung ist dünn-wurstförmig, gedreht und riecht unangenehm. Meist wird sie auf erhöhten Stellen abgesetzt. Maße: 8 – 10 cm lang, 1 cm breit

Der Steinmarder ist das ganze Jahr über nachts aktiv.

Jan | Feb | Mär | Apr | Mai | Jun | Jul | Aug | Sep | Okt | Nov | Dez

Der Feldhase

Das Trittsiegel lässt meist nur vier der fünf Zehen mit schmalen Krallen erkennen.

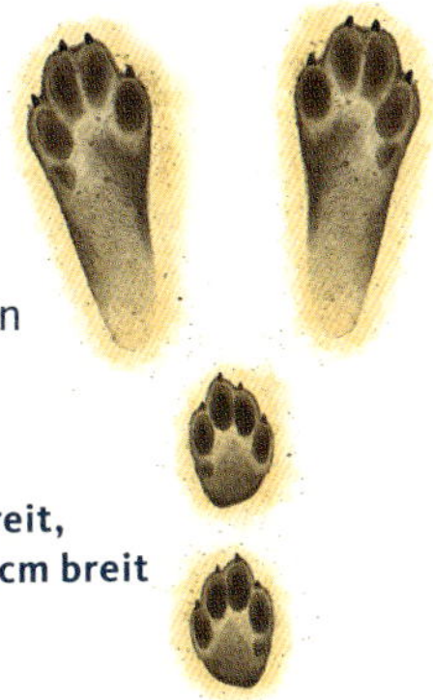

Maße:
VF: 5 cm lang, 3 cm breit,
HF: 6 – 8 cm lang, 3,5 cm breit

Länge: 0,42 – 0,68 m • Lebensraum: Felder, lichte Wälder, Steppen, Dünen • Einzelgänger

Tagsüber ruhen sich die Feldhasen in kleinen, flachen Mulden (Sassen) aus, die sie in den Boden scharren. Zwischen Januar und Oktober können Weibchen bis zu viermal im Jahr in der Sasse Junge bekommen. Die behaarten Jungen können schon sehen und laufen.

Wie das Wildkaninchen nagt auch der Feldhase an Sträuchern oder jungen Bäumen die Rinde im unteren Teil des Stamms ab. Von wem die Fraßspur stammt, verrät dir die Losung.

An den Nahrungsplätzen ist meist auch die Losung des Feldhasen zu finden. Sie besteht aus kugelförmigen Pillen, die einzeln oder in Gruppen zusammen liegen.

Maße:
Durchmesser 1,5 – 2 cm

Den Feldhasen kannst du das ganze Jahr über beobachten.

Jan Feb Mär Apr Mai Jun Jul Aug Sep Okt Nov Dez

Das Wildkaninchen

Trittsiegel und Fährte ähneln denen des Feldhasen, nur sind die Vorder- und Hinterfußabdrücke deutlich kleiner.

Maße:
VF: 3 cm lang, 2,5 cm breit,
HF: 4 cm lang, 2,5 – 3 cm breit

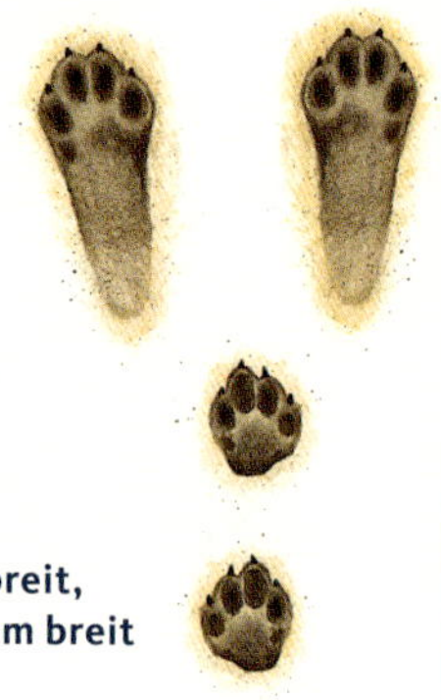

Länge: 0,35 – 0,45 m • Lebensraum: Gärten, Parks, Heiden, Dünen

In hügeligem Gelände legen die Wildkaninchen ihre unterirdischen Baue an. Die Wohnbaue sind weitverzweigt, haben mehrere Ein- und Ausgänge und können mit den in mehreren Etagen angelegten Gängen und Wohnkesseln bis zu 3 m tief und 45 m lang sein.

Der sogenannte Setzbau, in dem die Wildkaninchenmutter ihre Jungen zur Welt bringt, besteht aus einer bis zu 2,5 m langen Röhre. Sie ist 50 cm tief unter der Erde angelegt und mit Pflanzenmaterial ausgepolstert. So haben es die Jungen auch schön weich und warm.

Das Wildkaninchen ist das ganze Jahr über nachts und in der Dämmerung aktiv.

Wildkaninchen leben in einer großen Gruppe, in der eine strenge Rangordnung herrscht. Die Weibchen können fünf- bis siebenmal im Jahr Junge bekommen.

Wie der Feldhase frisst das Wildkaninchen Gräser, Kräuter, Pilze oder Knospen. Im Wald nagen die Tiere häufig die Rinde von Bäumen und Sträuchern ab. Vor allem im Winter sind im unteren Bereich von kleinen Bäumen und Sträuchern Nagespuren mit Zahneindrücken zu sehen. Liegt noch die Losung eines Kaninchens herum, weißt du, wer der Übeltäter war.

Die Losung ist meist in der Nähe des Baus oder an Fraßplätzen zu finden und dient auch zur Markierung des Reviers. Die kugelförmigen Pillen ähneln denen des Feldhasen. Sie sind jedoch wesentlich kleiner und dunkler. Meist werden sie in großer Menge auf erhöhten Stellen (z. B. Grasbüschel, Maulwurfs- oder Ameisenhügel) abgesetzt.

Maße:
Durchmesser
0,8 – 1 cm

Wichtig zu wissen!

Das Wildkaninchen stammt ursprünglich aus den Mittelmeerländern. Vor etwa 800 Jahren wurde es zu uns nach Mitteleuropa eingeführt. In Klöstern hielt man die Kaninchen zunächst in Käfigen. Sie galten nämlich als „fleischlose Kost“ und durften von den Mönchen auch in Fastenzeiten gegessen werden. Vom Wildkaninchen stammen alle bei uns bekannten Zuchtkaninchen ab.

Das Eichhörnchen

Länge: 20 – 25 cm • Lebensraum: Wald, Parks, Gärten

Mach mit!

Lege im Garten ein Schälchen mit Hasel- oder Walnüssen aus. So kannst du Eichhörnchen anlocken und vom Fenster aus mit dem Fernglas beobachten. Hast du Spuren gefunden (z. B. angeknabberte Fichtenzapfen), kannst du sie mit Sprühlack haltbar machen und nach dem Trocknen in einen durchsichtigen Nagelkasten stellen. Angebissene Haselnüsse lassen sich in Streichholzschachteln oder anderen Pappschachteln aufbewahren. Vergiss nicht, beschriftete Zettel mit Angaben zum Fundort, Datum und zur Tierart dazuzulegen.

Die Trittspur des Eichhörnchens beginnt und endet immer an einem Baum. Der Vorderfuß hat vier, der Hinterfuß fünf lange Zehen. Die beiden äußeren Zehen des Hinterfußes sind kürzer und können stark gespreizt werden. Die Krallen an den Füßen sind immer deutlich zu erkennen.

Maße:
VF: 3 – 4 cm lang, 1,5 – 3 cm breit,
HF: 4 – 5 cm lang, 2,5 – 3,5 cm breit

Das Eichhörnchen kannst du das ganze Jahr über beobachten.

Jan | Feb | Mär | Apr | Mai | Jun | Jul | Aug | Sep | Okt | Nov | De

Zwischen Astgabeln auf hohen Bäumen baut sich das Eichhörnchen aus Zweigen ein Kugelnest (Kobel) mit ein oder zwei seitlichen Eingangslöchern. Innen ist der Kobel mit Moos, Gras oder Federn weich ausgepolstert. Sehr gemütlich zum Ausruhen und Schlafen an Regentagen und im Winter!

Eichhörnchen fressen nicht nur Nüsse, Baumsamen, Beeren, Rinden, Knospen, sondern auch Insekten, Vogeleier und Jungvögel. Ihre Wintervorräte buddeln sie im Herbst meist am Fuß von Bäumen ein. Tannen- und Fichtenzapfen beißen sie vom Zweig ab und schleppen sie dann an eine andere Stelle. Dort halten sie den Zapfen schräg und nagen ihn ab, während sie ihn ständig drehen. Die unteren Schuppen reißen sie heraus, nur die oberen lassen sie stehen. Zerfranst aussehende Zapfenreste, bei denen die obersten Schuppen stehen bleiben, und abgebissene Schuppen sind ein Hinweis darauf, dass an dieser Stelle ein Eichhörnchen seinen Hunger gestillt hat. Haselnüsse nagt das Eichhörnchen oben an und spaltet dann die Nuss mit den Zähnen, sodass zwei Hälften entstehen.

Der Igel

Die Trittsiegel zeigen fünf Zehen mit ziemlich langen Krallen, vor allem am Hinterfuß. Die Innenzehe (Daumen) hinterlässt nur einen schwachen Abdruck.

Maße: VF: 2,5 cm lang, 3 cm breit, HF: 3,5 cm lang, 2,8 cm breit

Länge: 22 – 30 cm • Lebensraum: Feld- und Waldränder, Streuobstwiesen, Gärten, Parks, Friedhöfe • Einzelgänger

Igel sind Insektenfresser, die aber auch andere Kleintiere vertilgen. In die Schale von Vogeleiern beißen sie seitlich ein unregelmäßiges Loch und schlecken den Inhalt heraus. Sehr selten fressen sie pflanzliche Kost!

Für den Winterschlaf und zur Geburt der Jungen bauen sich Igel ein großes, regengeschütztes, meist kugelförmiges Nest in Reisig- oder Komposthaufen, unter Brettern oder in Hohlräumen unter Gartenhäuschen. Es wird mit Laub, Moos, Gras und Ästen ausgepolstert.

Die Losung des Igels ist walzenförmig, glänzend schwarz und am Ende zugespitzt. Sie enthält Insektenreste, manchmal auch Knochenstücke, Haare und im Spätsommer oft Beerenreste.

Maße: 8 – 10 mm dick, 3 – 4 cm lang

Den Igel kannst du von April bis November beobachten.

Jan	Feb	Mär	Apr	Mai	Jun	Jul	Aug	Sep	Okt	Nov	De

Die Feldmaus

Länge: 9 – 12 cm • Lebensraum: Felder, Wiesen, Dünen, Kiefernwälder

Ihre Trittspur ist von der anderer Mäuse nicht zu unterscheiden und zeigt am Vorderfuß vier gespreizte Finger und am Hinterfuß fünf Zehen. Die Spur verbindet die Mauselöcher und den Fressplatz.

Maße:
1 – 2,7 cm lang, 1 cm breit

Feldmäuse leben in großen Gruppen (Kolonien) in Erdbauten mit viele Meter langen, oberirdischen Laufgängen. Bei Gefahr flitzen die Tiere im Nu in ihre unterirdischen Nestkammern in 50 cm Tiefe, in denen sich auch Vorräte befinden. Die Mauselöcher haben einen Durchmesser von 3 – 4 cm.

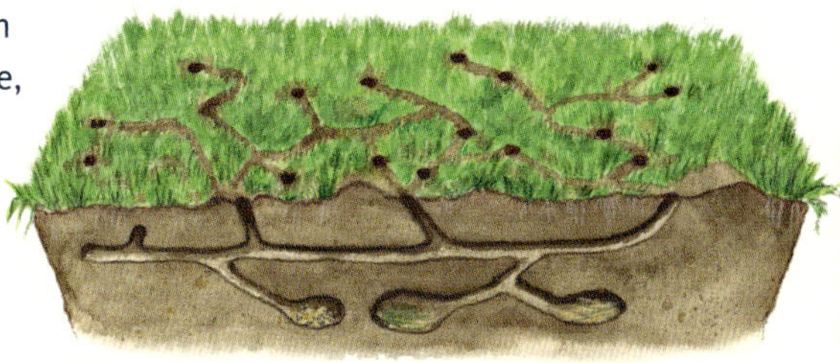

Die Feldmaus ernährt sich von Gras, Kräutern, Samen und Getreide. Haselnüsse öffnet sie mit ihren Zähnen am spitzen Ende. Um an Zapfensamen zu kommen, nagt die Maus jede einzelne Schuppe ab.

Die Losung wird in den Laufgängen abgesetzt. Es sind kleine, walzenförmige, meist grünlich bis bräunlich schwarze Kotpillen mit abgerundeten Enden.

Maße:
4 – 5 mm lang

Die Feldmaus kannst du das ganze Jahr über beobachten.

Jan Feb Mär Apr Mai Jun Jul Aug Sep Okt Nov Dez

Der Maulwurf

Länge: 10 – 17 cm • Lebensraum: Wiesen, Felder, Gärten, Parks • Einzelgänger • lebt unter der Erde

Der unterirdische Bau des Maulwurfs besteht aus weitverzweigten Laufröhren, Jagdgängen, Schlaf- und Vorratskammern, die ständig erweitert werden. Die Nestkammer (Schlaf- und Aufzuchtkammer) ist mit Blättern und Gras gepolstert. Maulwurfshügel entstehen, wenn der Maulwurf das Erdmaterial, das beim Graben entsteht, an die Erdoberfläche wirft. Die Erdhügel sind meist 10 – 20 cm groß. Unter größeren Maulwurfshügeln können sich die Sommernester befinden, in denen das Weibchen die Jungen gebärt. Maulwurfshügel, die 70 – 140 cm breit sind, werden als Winterburg mit Nest und Vorratskammer genutzt.

Die Gänge im Boden können bis zu 200 m lang sein.

Der Maulwurf frisst gerne Regenwürmer, Insekten, Insektenlarven und Schnecken. Da der Maulwurf niemals Pflanzenwurzeln anknabbert, sondern im Garten viele Pflanzenschädlinge vertilgt, gilt er als Nützling.

Die Spuren des Maulwurfs kannst du das ganze Jahr über finden.

Jan Feb Mär Apr Mai Jun Jul Aug Sep Okt Nov Dez

Die Singdrossel

Das napfförmige Nest der Singdrossel wird in Büschen und Hecken in einer Höhe von 1,50 – 2 m angelegt. Es ähnelt dem der Amsel, enthält aber vor allem mehr Moos. Innen ist es mit zerkauten und eingespeichelten Holzfasern ausgekleidet und mit Lehm glatt verputzt. Das Nest ist etwa 10 cm hoch und hat einen Durchmesser von rund 16 cm.

Länge: 20 – 22 cm • Lebensraum: vor allem Nadelwälder, Gärten und Parks • Zugvogel, überwintert im Mittelmeerraum

Die Singdrossel sucht ihre Nahrung wie Regenwürmer, Insekten und Beeren am Boden. Am liebsten frisst sie aber Bänder- und Schnirkelschnecken. Hat sie eine erwischt, fliegt sie damit zu einer harten Unterlage, zum Beispiel zu einem geeigneten Stück Stein. Um an das weiche Schneckenfleisch zu gelangen, schlägt sie das Gehäuse mit dem Schnabel auf den Stein und zertrümmert es. So eine „Drosselschmiede“ kannst du immer mal wieder entdecken.

Schau genau!

Auch Rötelmäuse mögen Gehäuseschnecken. Sie nagen allerdings das Gehäuse entlang der Schneckenspindel auf.

Die Singdrossel kannst du in Mitteleuropa von März bis August beobachten.

Jan | Feb | Mär | Apr | Mai | Jun | Jul | Aug | Sep | Okt | Nov | Dez

Die Amsel

Länge: 23,5 – 25 cm • Lebensraum: Hecken, Bäume in Wäldern, Parks, Gärten

Amseln suchen ihre Nahrung am Boden, daher findest du ihre Spuren auf schlammigen Böden oder im Schnee. Die Trittsiegel weisen vier Zehen mit sehr kleinen Krallen auf.

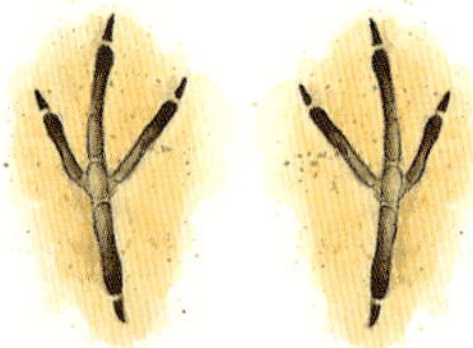

Maße:
5,5 cm lang,
3 cm breit

Amselnester findest du auf Bäumen, Sträuchern, Hecken, in Kletterpflanzen oder an Gebäudenischen meist in einer Höhe unter 3 m. Das Nest wird aus Zweigen, Halmen, Blättern und Moosen gebaut. Es ist ca. 7 – 10 cm hoch und hat einen Außendurchmesser von 10 – 16 cm.

Amseln ernähren sich hauptsächlich von Insekten, Würmern und Schnecken, aber auch Beeren und Früchte werden genascht. Gehäuseschnecken werden ebenfalls gern gefressen, die leeren, zerpickten Gehäuse bleiben als Reste der Mahlzeit am Boden liegen.

Die Amsel kannst du das ganze Jahr über beobachten.

Jan | Feb | Mär | Apr | Mai | Jun | Jul | Aug | Sep | Okt | Nov | Dez

Der Kleiber

Baumhöhlen, verlassene Spechthöhlen oder Mauerlöcher nutzt der Kleiber als Nistplatz, aber auch als Schlafplatz. Schon im Spätwinter schaut sich das Kleiberpaar nach einer geeigneten Bruthöhle um. Ist sie gefunden, kleidet das Weibchen sie mit Rinde, Haaren, Gras oder Federn aus. Der Eingang der Bruthöhle wird mit Lehm verklebt, diesem Verhalten verdankt der Kleiber auch seinen Namen. Das Eingangsloch ist gerade so groß, dass er selbst durchpasst.

Länge: 12 – 14,5 cm • Lebensraum: Bäume in Laubmischwäldern, Parks, Gärten

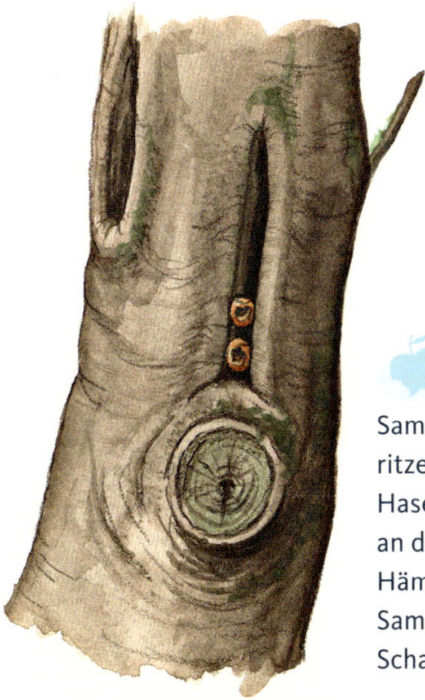

Kleiber fressen Insekten, Spinnen und Samen. Meist picken sie ihre Beute aus Rindenritzen heraus. Bucheckern und hartschalige Haselnüsse klemmen sie oft in Borkenspalten an den Baum und öffnen sie durch kräftiges Hämmern mit dem Schnabel. Das Innere von Samen oder Nuss wird gefressen, die leere Schale mit Schnabelspuren bleibt übrig.

Den Kleiber kannst du das ganze Jahr über beobachten.

Jan | Feb | Mär | Apr | Mai | Jun | Jul | Aug | Sep | Okt | Nov | Dez

Der Buntspecht

Seine Bruthöhle zimmert sich der Buntspecht selbst in alte, morsche Bäume. Das rundliche Einschlupfloch misst im Durchmesser 4,5 – 5,5 cm. Die Bruthöhle selbst ist 25 – 50 cm hoch und hat einen Innendurchmesser von 10 – 15 cm.

Länge: 23 cm • Lebensraum: Bäume in Laub- und Nadelwäldern, Parks, Alleen, Gärten • zur Verständigung trommeln Männchen und Weibchen mit dem Schnabel

Die Nahrung des Buntspechts besteht vor allem aus Insekten und deren Larven. Im Winter frisst er auch Nüsse, Beeren und Samen. Zapfen klemmt er oft in Baumspalten oder selbst gehackte Löcher ein, um dann die nahrhaften Samen herauszupicken. Zur Nahrungsergänzung im Frühling hackt er rund um einen Stamm oder auf der Oberseite eines Astes Löcher. Man nennt das „Ringeln“. Den austretenden Baumsaft leckt der Buntspecht auf. Insekten, die vom Baumsaft angelockt werden, frisst er gleich mit. Ringelbäume erkennst du an den ringförmigen Wülsten, die sich um den Baum bilden.

Den Buntspecht kannst du das ganze Jahr über beobachten.

Jan | Feb | Mär | Apr | Mai | Jun | Jul | Aug | Sep | Okt | Nov | Dez

Der Neuntöter

Sein Nest legt der Neuntöter in Dornbüschen (z. B. Brombeersträuchern) in einer Höhe von 1,5 – 2,5 m an. Es wird aus Kräutern, Gräsern und dünnen Zweigen gebaut und hat die Form eines Napfes, der etwa 9,5 cm hoch ist und einen Durchmesser von 12 – 14 cm hat.

Länge: 16 – 18 cm • Lebensraum: Hecken und Bäume auf Wiesen, Lichtungen, Waldrändern, am Rand von Obstgärten, Mooren, Heiden

Als Nahrung dienen dem Neuntöter größere Insekten wie Käfer, Schmetterlinge, Heuschrecken, Libellen, aber auch kleine Eidechsen, Schlangen oder Frösche, seltener Mäuse oder Kleinvögel. An guten Jagdtagen legt er sich einen Nahrungsvorrat an. Dabei spießt er seine Beute an Dornen von Dornbüschen oder auch auf Stacheldrahtzäunen auf, manchmal hängt er sie auch an Astgabeln.

Maße: 2 cm lang, 1 cm breit

Unverdauliche Bestandteile werden als Gewölle (Speiballen) aus dem Schnabel gewürgt. Sie verfallen in der Regel schnell.

Den Neuntöter kannst du von April bis Ende August beobachten.

Jan | Feb | Mär | Apr | Mai | Jun | Jul | Aug | Sep | Okt | Nov | Dez

Der Mäusebussard

Länge: 51 – 57 cm • Lebensraum: Wälder mit angrenzenden Wiesen, Feldern, Heiden oder Feuchtgebieten

Sein Horst wird auf hohen Bäumen aus Stöcken, Zweigen und Halmen gebaut und mit Laub oder Tierhaaren ausgepolstert. Er ist bis zu 50 cm hoch. In der Umgebung des Horstes ist meist der dünnflüssige Kot der Jungvögel zu sehen.

Hauptnahrung des Mäusebussards sind Feldmäuse. Seltener werden Jungvögel, Eidechsen, Frösche oder Insekten gefressen. Meist jagt er von einem Ansitz aus im Gleitflug und ergreift die Beute mit seinen kräftigen Fängen und tötet sie gleich an Ort und Stelle.

Hier hat der Mäusebussard Beute gemacht.

Das Gewölle des Mäusebussards liegt oft unter Pfählen, einzelnen Bäumen oder Freilandmasten, in der Umgebung des Horstes. Es ist filzig grau und besteht überwiegend aus Mäusefell und Federn.

Maße:
6 – 7 cm lang,
2,5 – 3 cm breit

Den Mäusebussard kannst du das ganze Jahr über beobachten.

Jan | Feb | Mär | Apr | Mai | Jun | Jul | Aug | Sep | Okt | Nov | Dez

Der Habicht

Länge: 46 – 63 cm • Lebensraum: Wälder

Seinen Horst legt der Habicht auf hohen, alten Waldbäumen an. Er besteht aus abgestorbenen Ästen und ist mit Rindenstückchen, Laub und Fichten- oder Tannenzweigen ausgepolstert. Die Nestmulde ist groß, tellerförmig und sieht außen etwas unordentlich aus. Das stattliche Nest hat einen Durchmesser von etwa 100 cm.

Der Habicht jagt häufig Vögel bis Taubengröße. Um seine Beute zu rupfen und zu verspeisen, fliegt er an eine geschützte Stelle. Findest du am Boden viele Vogelfedern verstreut, könnte es sich um einen Rupfplatz handeln. Schau dir die Federkiele genau an, sind sie nicht abgebissen, sondern geknickt, war er am Werk.

Die Brustfedern sind schwarzbraun-weiß quergebändert. Die graubraunen Schwanzfedern erkennst du an vier bis sechs schwarzen Querbinden, die Federspitze ist weiß.

Maße: 6 cm lang, 3 cm breit

Das daumendicke Gewölle des Habichts findest du in Horstnähe. Es ähnelt dem des Mäusebussards, enthält aber auch Federn.

Den Habicht kannst du das ganze Jahr über beobachten.

Jan Feb Mär Apr Mai Jun Jul Aug Sep Okt Nov Dez

Die Schleiereule

Länge: 33 – 35 cm • Lebensraum: Felder, Wiesen und Weiden

Tagsüber döst die Schleiereule in einem Ruheplatz, z. B. in einer Scheune, einem hohlen Baum oder in einer Felshöhle. Als Brutplätze werden dunkle Nischen in Scheunen, Dachböden, Ruinen oder Kirchtürmen genutzt, die frei angeflogen werden können, seltener auch Baumhöhlen. Eine 2 – 15 cm dicke Schicht zerbissener Gewölle dient als Nestunterlage für die Eier.

An Wänden und am Boden von Schlaf- und Ruheplätzen sind meist auch Geschmeißspuren, dickflüssige, weiße Kleckse, Streifen und Spritzer, zu sehen.

Die Beute der Schleiereule besteht hauptsächlich aus Mäusen, gelegentlich werden auch Fledermäuse, Ratten, Kaninchen, Vögel, Reptilien, Frösche und Insekten vertilgt. Zu Beginn der Brutzeit legt die Schleiereule Teile der Beute als Nahrungsvorrat am Nest ab.

Das Gewölle der Schleiereule findest du an den Schlaf- und Brutplätzen in Kirchen, Scheunen oder Ruinen. Es ist dunkel, glatt, glänzend und an den Enden abgerundet. Es enthält vor allem Fell- und Federreste.

Maße:
2 – 7 cm lang,
2,5 – 3,5 cm breit

Die Schleiereule ist das ganze Jahr über nachts aktiv.

Jan Feb Mär Apr Mai Jun Jul Aug Sep Okt Nov Dez

Die Rauchschwalbe

Das oben offene Nest der Rauchschwalbe findest du im Innern von Ställen oder Lagerhallen, in Tordurchfahrten oder Hauseingängen. Es wird meist an senkrechten Wänden, auf Wandvorsprüngen oder Balken angelegt und besteht aus Lehmstücken und Halmen. Innen ist es weich mit Federn ausgekleidet. Es ist 7 – 10 cm hoch und hat einen Außendurchmesser von etwa 15 cm.

Länge: 19 – 22 cm • Lebensraum: Wiesen- und Ackerlandschaften mit Bauernhöfen und Teichen • Zugvogel, überwintert in Mittel- und Südafrika

Wichtig zu wissen!

Manchmal legt die Rauchschwalbe ihr Nest auch in Kaminen oder Rauchfängen an. So kam sie zu ihrem deutschen Namen „Rauchschwalbe“. Heute sind Ställe und Lagerhallen oft abgeschlossen und lehmige, schlammige Wege selten geworden. Deshalb ist es für die Rauchschwalbe schwer, Brutplatz und Nistmaterial, aber auch Insekten zu finden.

Kotspuren auf dem Boden und an den Wänden zeigen dir, wo sich das Schwalbennest befindet.

Die Rauchschwalbe kannst du von April bis Oktober beobachten.

Jan | Feb | Mär | Apr | Mai | Jun | Jul | Aug | Sep | Okt | Nov | Dez

Das Rebhuhn

Rebhühner lockern mit dem Schnabel Sand auf und verteilen ihn mit Scharrbewegungen über das gesträubte Gefieder.

Maße:
2,5 – 4 cm lang,
3 – 3,5 cm breit

Länge: etwa 30 cm • Lebensraum: Heiden, Felder, Wiesen

Auch Kot und Federn kann man hier finden.

Als Nahrung dienen Samen, Getreidekörner, Kräuter, Gräser, gelegentlich werden auch Insekten, Früchte und Beeren gefressen.

Die Losung besteht aus grünlichen bis graubraunen, walzenförmigen Kotbällchen.

Rebhühner sind Bodenbrüter, die ihr Nest an einem geschützten Platz zwischen Pflanzen anlegen. An Hecken, Waldrändern, Feldern, Weg- und Grabenrändern scharrt das Weibchen eine flache Bodenmulde aus und polstert sie mit weichen Blättern oder Moos.

Das Rebhuhn kannst du das ganze Jahr über beobachten.

Jan | Feb | Mär | Apr | Mai | Jun | Jul | Aug | Sep | Okt | Nov | Dez

Der Fasan

Wie das Rebhuhn nimmt auch der Fasan gerne ein Sandbad. Eine tellergroße Mulde im Sandboden, an der Fasanenfedern zu finden sind, beweist, wer dort gebadet hat.

Maße:
6,5 – 7,5 cm lang,
6 – 6,5 cm breit

Länge: bis zu 90 cm • Lebensraum: Felder, Sumpfgebiete, Küsten, Heiden, Wiesen, lichte Wälder

Am liebsten fressen Fasane Samen, Getreidekörner, Wurzeln, Beeren und Nüsse. Während der Brutzeit picken sie vor allem tierische Nahrung (z. B. Würmer, Insekten und deren Larven) auf.

Als Nest dient eine flache Erdmulde zwischen Pflanzen, die das Weibchen mit den Füßen ausscharrt und kaum auspolstert.

Die Losung ist walzenförmig oder gedreht, grünlich bis hellgrau. Ein Ende ist vom Urin weiß gefärbt.

Maße:
2 cm lang,
0,4 – 0,5 cm breit

Den Fasan kannst du das ganze Jahr über beobachten.

an | Feb | Mär | Apr | Mai | Jun | Jul | Aug | Sep | Okt | Nov | Dez

Der Höckerschwan

Das Trittsiegel des Höckerschwans findest du am Ufer seiner Wohngewässer. Es ähnelt dem der Stockente, ist jedoch wesentlich größer. Der Abdruck der kurzen, nach hinten gerichteten Zehe fehlt meist.

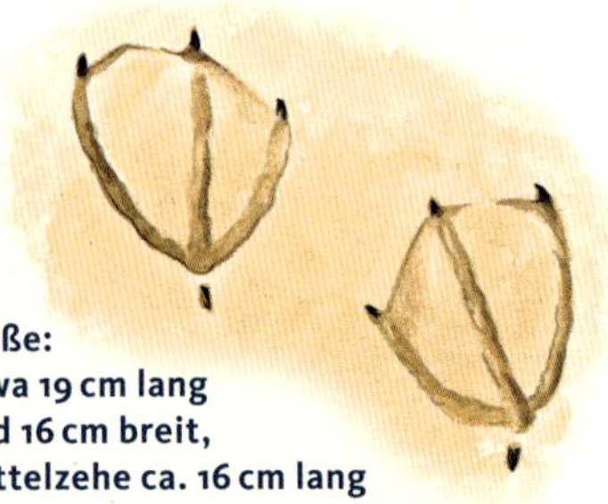

Maße:
etwa 19 cm lang
und 16 cm breit,
Mittelzehe ca. 16 cm lang

Länge: bis 1,6 m • Lebensraum: Seen, Teiche, langsam fließende Flüsse, geschützte Buchten an der Küste

Auf trockenen, meist leicht erhöhten Stellen am Gewässerufer wird das bis zu 2 m große, burgförmige Nest angelegt. Als Nistmaterial verwenden Höckerschwäne Schilf, Binsen, Reisig und andere Pflanzenteile. Die Nestmulde kleiden sie mit Blättern und Daunenfedern aus.

Schau genau!

Mit seinem langen, S-förmig gebogenen Hals, dem weißen Gefieder und dem roten Schnabel mit schwarzem Stirnhöcker ist der Höckerschwan unverwechselbar. Jungtiere sind gräulich-braun gefärbt. Schwäne fressen hauptsächlich Wasserpflanzen und die darin befindlichen Kleintiere wie Muscheln, Schnecken, Krebstiere, an Land auch Gräser und Getreide. Schwanenpaare bleiben ein Leben lang zusammen. Oft nutzen sie ihr Nest mehrmals und bauen es aus.

Den Höckerschwan kannst du das ganze Jahr über beobachten.

Jan	Feb	Mär	Apr	Mai	Jun	Jul	Aug	Sep	Okt	Nov	De

Die Stockente

Länge: 58 cm • Weibchen bräunlich gefärbt • Lebensraum: Seen, Teiche, Gräben und andere Gewässer, nicht an Meeresküsten

Das Trittsiegel der Stockente findest du am Ufer stehender und langsam fließender Gewässer. Du erkennst es am Abdruck der drei vorderen Zehen, die bis vorne zu den Krallen durch Schwimmhäute verbunden sind. Den Abdruck einer weiteren kurzen, nach hinten gerichteten Zehe sieht man nicht immer.

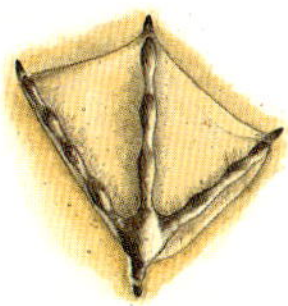

Maße: 7 – 8 cm lang und breit, Mittelzehe ca. 5 cm lang

An einem geschützten Plätzchen meist in der Nähe von Gewässern legt das Weibchen sein Nest an. Es drückt am Boden die Pflanzen nieder, sodass eine flache Mulde entsteht, und füllt diese mit Halmen, kleinen Zweigen, Blättern und Federn.

Die sogenannten Erpellocken sind schwarz und haben am hinteren Ende eine Welle.

Stockenten ernähren sich überwiegend von Wasser- und Landpflanzen, vertilgen aber auch Schnecken, Laich, Würmer oder kleine Fische. Im Frühjahr knabbern sie gerne die jungen Triebe von Krokussen an. Manche fressen sogar die Zwiebeln.

Die Stockente kannst du das ganze Jahr über beobachten.

Jan | Feb | Mär | Apr | Mai | Jun | Jul | Aug | Sep | Okt | Nov | Dez

Die Erdkröte

Länge: 9 – 12 cm • Lebensraum: Laubwälder, Wiesen, Hecken – Teiche und Tümpel als Laichgewässer • Hautdrüsen können Gift absondern

Im Sommer ruht sich die Erdkröte im Wald oder im Gebüsch unter Steinen, Holz, im Laub oder in Erdlöchern aus. Den Winter verbringt sie in frostfreien Unterschlüpfen (z. B. im Laub) und verfällt dort in Winterstarre. Wenn es ab März draußen wärmer wird, wacht sie auf und macht sich auf den Weg zu den Laichgewässern (größere Weiher, Teiche und Seen). Paarungsbereite Männchen klettern dabei auf die Weibchen. Huckepack trägt das Weibchen ihren Partner zum Gewässer.

Die 3 – 5 m lange Laichschnur, die um Wasserpflanzen oder Äste gewickelt wird, ist 5 – 8 mm dick und enthält tausende von 2 mm großen Eiern. Aus ihnen schlüpfen nach zwei bis vier Wochen im Wasser schwarze Kaulquappen.

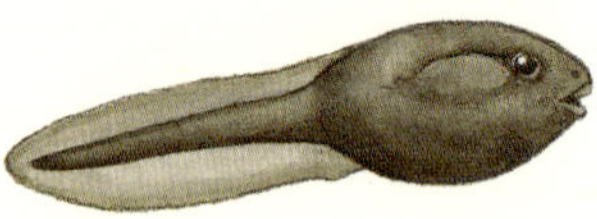

Nach etwa drei Monaten entwickeln sich die wasserlebenden Kaulquappen zu lungenatmenden, vierbeinigen Kröten, die an Land gehen.

Ausgewachsene Erdkröten fressen Würmer, Schnecken, Asseln, Spinnen und Insekten. Kaulquappen ernähren sich vor allem von Algen und Aas.

Die Erdkröte ist von März bis Oktober nachts und in der Dämmerung aktiv.

Jan | Feb | Mär | Apr | Mai | Jun | Jul | Aug | Sep | Okt | Nov | De

Der Grasfrosch

Als Laichgewässer bevorzugt er Tümpel mit flachen, pflanzenreichen und besonnten Ufern, er laicht aber auch in fischfreien, naturnahen Gartenteichen ab. Nach der Eiablage versteckt er sich unter Laubhaufen oder im Gewässer. Ab Ende April und im Sommer halten sich die Tiere meist in feuchten Wäldern, Gebüschen, Wiesen oder Gärten auf. Zum Überwintern suchen Grasfrösche frostsichere Erdlöcher oder ein Gewässer auf.

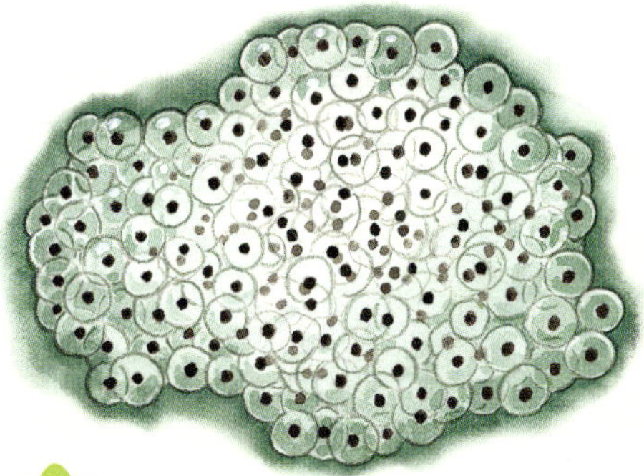

Länge: bis zu 11 cm • Lebensraum: Moor- und Feuchtgebiete und angrenzende Wiesen und Wälder

Die großen Laichballen enthalten 200 – 4 000 Eier und sind von Ende Februar bis Anfang April meist sehr zahlreich in den Laichgewässern zu finden. Nach drei bis vier Wochen schlüpfen die Kaulquappen, die sich nach zwei bis drei Monaten (meist ab Juni) zu etwa 1,5 cm langen Grasfröschen entwickeln, die das Wasser verlassen.

Ausgewachsene Grasfrösche fressen Insekten, Asseln, Würmer, Nacktschnecken oder Spinnen, Kaulquappen ernähren sich vor allem von Algen.

Der Grasfrosch ist von März bis Oktober nachts aktiv.

Jan | Feb | Mär | Apr | Mai | Jun | Jul | Aug | Sep | Okt | Nov | Dez

Der Laubfrosch

Tagsüber versteckt er sich im Sommer zwischen Schilf, Röhricht und anderen Uferpflanzen. Ab Mitte Oktober zieht sich der Laubfrosch in frostfreie Erdhöhlen, unter Laub, in Wühlmausbauten oder in Stein- und Bodenspalten zurück, wo er in Winterstarre fällt. Zur Laichzeit zwischen April und Mai sucht er Weiher, Teiche und Altwässer mit flachen Ufern und vielen Wasserpflanzen auf, um sich zu paaren und abzulaichen.

Länge: 3 – 5 cm • Lebensraum: Feuchtgebiete, Auwälder mit Tümpeln und Weihern

Seine walnussgroßen Laichballen, die ab April an Wasserpflanzen abgesetzt werden, enthalten 10 – 50 zweifarbige Eier mit weißem Kern. Aus ihnen schlüpfen goldgrünliche Kaulquappen mit spitz auslaufendem Schwanz und Flossensaum, die sich oft schon nach vier bis sechs Wochen zu vierbeinigen Landtieren entwickeln.

Laubfrösche gehen in der Dämmerung oder nachts auf die Jagd und erbeuten Insekten wie Fliegen, Mücken, Käfer, dazu Spinnen und Nacktschnecken.

Den Laubfrosch kannst du von April bis Oktober beobachten.

Jan	Feb	Mär	Apr	Mai	Jun	Jul	Aug	Sep	Okt	Nov	Dez

Die Ringelnatter

Am Ufer von Teichen, Seen und Flüssen, aber auch in Auwäldern und Feuchtwiesen ist mit etwas Glück die abgestreifte Haut der Ringelnatter, das „Natternhemd", zu finden. Ringelnattern häuten sich vier- bis sechsmal im Jahr.

Länge: bis zu 1,2 m • Lebensraum: an Seen, Bächen, Flüssen • ungiftig • gute Schwimmerin

Ringelnattern fressen nur lebende Tiere, am liebsten Kröten, Frösche, Molche und Fische, aber auch Eidechsen oder Mäuse.

Im Winter verkriechen sich Ringelnattern in frostfreie Plätze wie Laubhaufen, Komposthaufen oder Baumstümpfe. Dort fallen sie in Winterstarre und kommen erst wieder im März oder April aus ihrem Winterquartier. Nach der Paarung legt das Weibchen im Juni oder Juli 20 – 40 Eier ab, bevorzugt in Pferdemist, Kompost oder Grasschnitt. Aus den Eiern schlüpfen junge Schlangen.

Die Ringelnatter kannst du von April bis September beobachten.

Jan	Feb	Mär	Apr	Mai	Jun	Jul	Aug	Sep	Okt	Nov	Dez

Die Weinbergschnecke

Länge: bis zu 10 cm • Lebensraum: Waldränder, Büsche, Felder, Wegränder, Gärten, Parks

Bei Hitze suchen Weinbergschnecken kühle Stellen (z. B. in Mauerritzen) und bedecken ihre Schalenmündung. Dazu sondern sie Schleim ab, der zu einer Art Haut trocknet. Wenn es kühler wird, kriechen sie wieder heraus und suchen nach Nahrung. Im Spätherbst graben sich Weinbergschnecken ins Erdreich ein und verschließen ihr Schneckenhaus mit einem Kalkdeckel. Dort verharren sie den ganzen Winter in Kältestarre. Im Frühling stoßen sie den Deckel auf und kriechen nach oben.

Die Weinbergschnecke frisst weiche Pflanzenteile. Beim Kriechen hinterlässt sie eine Schleimspur, die auf Blättern deutlich zu erkennen ist. Löcher an Nutzpflanzen zeigen dir, dass dort Schnecken unterwegs waren.

Zwischen Ende Juni und August graben Weinbergschnecken kleine Erdhöhlen und legen 40 – 60 Eier ab. Aus den Eiern schlüpfen winzige Schnecken mit einem Gehäuse, das noch ganz weich ist und erst später nach Einlagerung von Kalk hart wird.

Die Weinbergschnecke kannst du von März bis Oktober beobachten.

Jan Feb Mär Apr Mai Jun Jul Aug Sep Okt Nov Dez

Die Spanische Wegschnecke

Wie alle Schnecken hinterlässt die Spanische Wegschnecke beim Kriechen eine Schleimspur.

Länge: 8 – 12 cm • Lebensraum: Felder, Gärten, Wegränder, Parks, Waldränder

Die Spanische Wegschnecke frisst fast alle Pflanzen und außerdem noch Aas. Ihre Fraßspuren (z. B. großflächig abgefressene Blätter oder große Löcher im Blatt) sind in vielen Gärten zu beobachten. Auf Feldern kann sie große Schäden anrichten.

Wegschnecken legen nach der Paarung ihre Eier in Erdlöcher oder unter Steinen, Holz oder Moospolster ab. Beim Unkrautjäten im Garten findet man sie bisweilen. Das Gelege umfasst 30 – 200 weiße Eier, aus denen nach spätestens sechs Wochen winzige Nacktschnecken schlüpfen. In einem frostsicheren Versteck (z. B. im Boden eingegraben oder unter Laub) schafft es die Nacktschnecke, als erwachsenes Tier, als Jungtier oder als Ei den Winter zu überstehen.

Die Spanische Wegschnecke kannst du von April bis Oktober beobachten.

n | Feb | Mär | Apr | Mai | Jun | Jul | Aug | Sep | Okt | Nov | Dez

Der Regenwurm

Der Regenwurm frisst sich durch die Erde und verdaut die darin enthaltene Nahrung, z. B. Pflanzen- und Tierreste, Bakterien, Pilze und Einzeller. Nachts zieht er Laub und verfaulende Früchte vom Erdboden hinunter in seine bis zu 3 m tiefen Gänge, um sie zu verspeisen. Das, was er ausscheidet, kannst du als Erdwürstchen am Eingang seiner unterirdischen Gänge sehen. Diese Häufchen sind am Boden leicht zu entdecken.

Länge: 10 – 30 cm • Lebensraum: feuchte Böden von Wäldern, Wiesen, Äckern und Gärten

Ihre Eier legen Regenwürmer in blassgelbe, zitronenförmige Kokons ab. Ein Kokon ist etwa so groß wie ein Weizenkorn. Je nach Regenwurmart werden 20 oder mehr gebildet und in die Erde abgegeben. Schlüpfen die jungen Regenwürmer, kannst du z. B. im Komposthaufen oft ein Gewimmel an Jungwürmern entdecken.

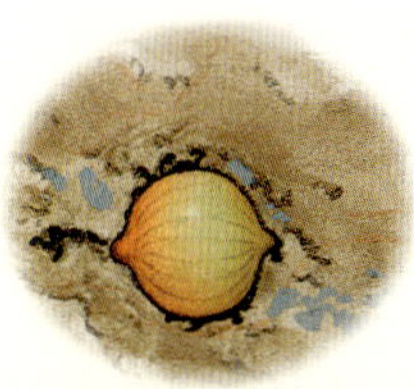

Mach mit!

Sieh dir einen Regenwurm einmal genau an. Der Körper besteht aus rund 180 Körperringen. Auf jedem Ring befinden sich vier Paare kurzer Borsten, die für die Fortbewegung wichtig sind. Seine Mundöffnung liegt am Vorderende, der Gürtel in der Mitte des Körpers und am Hinterende befindet sich der After.

Den Regenwurm kannst du von März bis November beobachten.

Jan	Feb	Mär	Apr	Mai	Jun	Jul	Aug	Sep	Okt	Nov	D

Die Rote Waldameise

Die Rote Waldameise lebt in einem Ameisenstaat. Er besteht aus tausenden von flügellosen Arbeiterinnen und einer geflügelten Königin, die als Einzige Eier legen kann. Die Arbeiterinnen sammeln Nahrung, pflegen die Eier, Larven und Puppen, füttern die Königin, vergrößern das Nest und bewachen es. Den Duft ihres Baus prägen sich Ameisen gut ein und finden so wieder nach Hause.

Länge: bis zu 1,1 cm • Lebensraum: sonnige Plätze am Rand von Laub- und Nadelwäldern

Das Hügelnest ist häufig mit Fichtennadeln bedeckt. Ein Teil liegt unter der Erdoberfläche. Im Innern gibt es verschiedene Kammern, wie z. B. die Eikammer, die Kinderstube für Larven und Puppen, die Speisekammer und das Königinnenzimmer.

Rote Waldameisen ernähren sich und ihre Brut vor allem von Insekten, Larven oder Raupen. Dadurch sorgen sie dafür, dass sich Waldschädlinge nicht zu stark vermehren. Findet eine Ameise Nahrung, läuft sie zurück zum Bau. Auf dem Weg setzt sie aus einer Drüse am Hinterende Duftstoffe ab. Dieser Fährte folgen weitere Ameisen zum Futter – eine „Ameisenstraße" entsteht. Hast du schon eine entdeckt?

Die Rote Waldameise kannst du von April bis November beobachten.

n | Feb | Mär | Apr | Mai | Jun | Jul | Aug | Sep | Okt | Nov | Dez

Die Eichengallwespe

Länge: 3 mm • Lebensraum: Eichen an Straßen, in Städten, Wäldern

Die Eichengallwespe lebt überall da, wo Eichen wachsen. Das Weibchen legt seine Eier nach der Paarung in die Adern von Eichenblättern. Dadurch werden die Pflanzenzellen angeregt, apfelförmig um das Ei zu wachsen. Die kugelrunden Galläpfel der Eichengallwespe sind 1,5 – 2 cm groß. Zunächst sind sie grün, später rötlich oder bräunlich gefärbt. Du findest sie von Juni bis Februar. In jedem Gallapfel leben eine oder mehrere Larven. Sind die Eichenblätter im Herbst abgefallen, verpuppt sich die Larve und schlüpft zwischen November und Februar als weibliches Insekt.

Diese Weibchen legen nun unbefruchtete Eier an Eichenknospen ab. In einer 3 mm großen, knospenförmigen Galle entwickeln sich Larven und Puppen, aus denen im nächsten Frühjahr Weibchen und Männchen schlüpfen, die sich paaren.

Die Larven fressen das Gewebe im Innern der Gallen, das immer wieder nachwächst. Die erste (weibliche) Gallwespen-Generation braucht keine Nahrung, nur Wasser.

Die Eichengallwespe kannst du von Mai bis Juni und von Dezember bis Januar beobachten.

Jan | Feb | Mär | Apr | Mai | Jun | Jul | Aug | Sep | Okt | Nov | D

Die Rosengallwespe

Im Frühjahr legen die Weibchen der Rosengallwespe ins Pflanzengewebe der Rosentriebe Eier ab. Das regt die Pflanze dazu an, haarartige Auswüchse (Galläpfel) zu bilden. Rosengallen sind anfangs grüne, später rote zottig behaarte Gebilde, die du ab Mai auf Wildrosen finden kannst. Sie erreichen einen Durchmesser von bis zu 5 cm.

Länge: 3 mm • Lebensraum: auf Wiesen, an Waldrändern, in Parks oder Gärten, in denen Rosen wachsen

Im Innern der Galle befinden sich mehrere Kammern mit jeweils einer Larve. In der Galle verbringen die Larven den Winter und entwickeln sich zum ausgewachsenen Tier, das im Frühjahr ins Freie fliegt. Im Herbst verholzen die Gallen, verfärben sich bräunlich und sind besonders auffallend, wenn die Rose ihre Blätter abgeworfen hat. Alte Gallen können noch monate- bis jahrelang an den Rosenzweigen hängen bleiben.

Erstaunlich!

Rosengallen nennt man auch „Schlafäpfel", da man früher glaubte, dass sie beim Einschlafen helfen, wenn man sie sich unters Kopfkissen legt. Die ausgewachsenen Rosengallwespen ernähren sich von Nektar und Honigtau, die Larven vom Pflanzenmaterial im Innern der Galle.

Die Rosengallwespe kannst du gut im Mai beobachten.

Die Hornisse

In Baumhöhlen, Schuppen, in Rollladenkästen oder auf Dachböden bauen Hornissen ihre Nester, die bis zu 60 cm hoch werden können. Sie bestehen aus morschem Holz, das zu einem papierähnlichen Material zerkaut wird. Das Nest bietet Platz für 400 bis 700 Arbeiterinnen und ihre Königin. Es besteht aus Waben, die Eier, Larven oder Puppen enthalten.

Länge: 18 – 35 mm • Lebensraum: Misch- und Auwälder, Gärten, Parks, Stadt

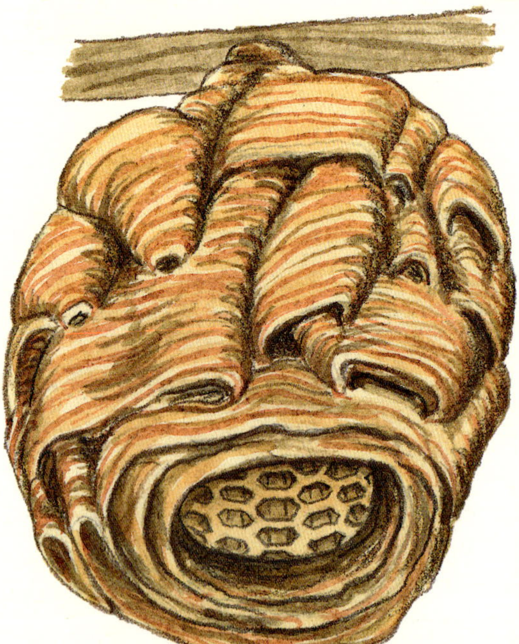

Ausgewachsene Hornissen ernähren sich von Pflanzensäften und Früchten. Die Larven werden jedoch mit tierischer Nahrung (Insekten und deren Larven) gefüttert.

Vorsicht!

Kommst du ihnen zu nah, werden Hornissen aggressiv! Wenn sie nah am Wohnhaus nisten, sollte man das Nest von einem Fachmann entfernen und umsiedeln lassen.

Die Hornisse kannst du von März bis Oktober beobachten.

Jan	Feb	Mär	Apr	Mai	Jun	Jul	Aug	Sep	Okt	Nov	Dez

Der Haselnussbohrer

Das Käferweibchen legt im Juni ein Ei in die unreife Haselnuss. Aus dem Ei schlüpft nach ungefähr einer Woche eine Larve, die nach und nach das Innere der Nuss auffrisst. Äußerlich entwickelt sich die Nuss zunächst normal weiter. Sie fällt aber schließlich früher als sonst vom Baum. Wenn die Larve in der Haselnuss ausgewachsen und bis zu 15 mm lang ist, bohrt sie sich von innen ein kleines Loch, durch das sie herausschlüpft.

Länge: 6 – 8 mm • Lebensraum: Haselnusssträucher an Waldrändern, in Hecken, Parks und Gärten

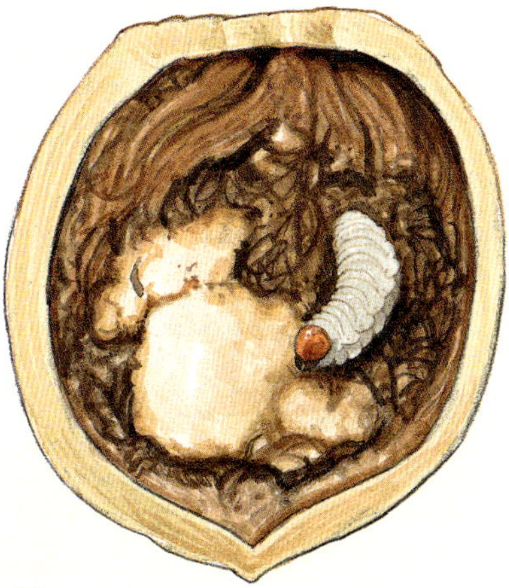

Nun gräbt sie sich in der Erde ein, überwintert in 10 – 15 cm Tiefe und verpuppt sich im Frühjahr. Im Sommer schlüpft aus der Puppe ein flugfähiger Käfer. Im Spätsommer kannst du am Boden Haselnüsse finden, die ein 1 – 2 mm kleines, kreisrundes Loch aufweisen. Öffne die Nuss und du findest im Innern den lockeren, krümeligen Kot der Larve.

Der frisch geschlüpfte Käfer ernährt sich zunächst von unreifen Kirschen und Birnen. Erst später frisst er die Blätter von Haselnusssträuchern an.

Den Haselnussbohrer kannst du am besten von Mai bis Oktober beobachten.

Jan Feb Mär Apr Mai Jun Jul Aug Sep Okt Nov Dez

Die Blaugrüne Mosaikjungfer

Die Blaugrüne Mosaikjungfer legt ihre Eier am Ufer von Gewässern in Schilfpflanzen, an treibenden Holzstücken oder an Baumstämmen ab. Erst im darauf folgenden Frühjahr schlüpfen daraus im Wasser kleine Larven. Diese häuten sich im Verlauf von ein bis zwei Jahre mehrmals. Gegen Ende des letzten Larvenstadiums begibt sich die Larve ans Gewässerufer, um sich dort an Pflanzen oder Halmen zu verankern. Aus der letzten Larvenhülle schlüpft nun ein flugfähiges Insekt (Imago), die Libelle. Die leere Larvenhülle (Exuvie) bleibt im Wasser oder am Ufer zurück.

Länge: Insekt 7 – 8 cm • Lebensraum: Larven in stehenden und langsam fließenden Gewässern, auch in Gartenteichen oder Regentonnen

Schau genau!

Libellen sind in der Lage, ihre beiden Flügelpaare unabhängig voneinander zu bewegen. Ihr Kopf ist besonders beweglich und sie können in alle Richtungen sehen, ohne dabei den Körper selbst zu drehen. Sie besitzen sogenannte Komplexaugen, die aus bis zu 30 000 Einzelaugen bestehen. Mit ihren leistungsfähigen Augen können sie Bewegungen viel besser erkennen als wir Menschen.

Exuvie

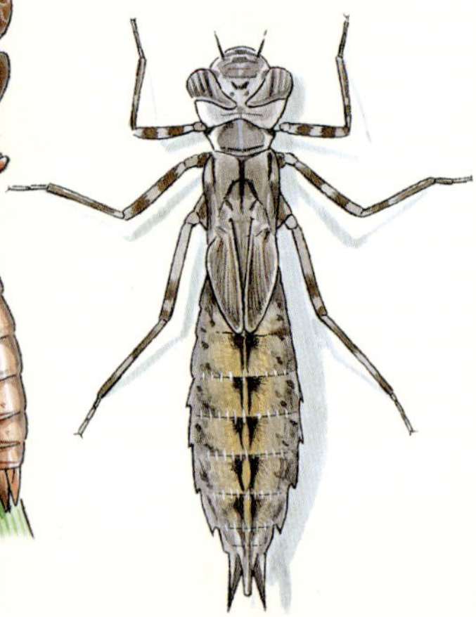

Larve

Die Blaugrüne Mosaikjungfer kannst du von Juli bis Oktober beobachten (Larven ganzjährig).

Jan	Feb	Mär	Apr	Mai	Jun	Jul	Aug	Sep	Okt	Nov	Dez

Die Wiesenschaumzikade

Schaumbällchen an Pflanzen sind die Nester einer Schaumzikade. Meist sind sie von Mai bis September auf ungemähten Wiesen zu finden. Erst legt das Weibchen an der Pflanze Eier ab, dann erzeugen die Larven den Schaum. Er schützt die Larven vor Feinden und sorgt dafür, dass sie es warm und feucht haben.

Länge: 5,3 – 6,9 cm • Lebensraum: Wiesen • können fliegen, laufen und springen

Aus der Larve entwickelt sich (ohne Puppenstadium) das ausgewachsene Insekt. Wenn es das Schaumnest verlässt, ist es zuerst noch grün und bekommt erst nach zehn Tagen seine eigentliche Färbung.

Die Larve erzeugt den Schaum, indem sie Luftbläschen durch eine eiweißhaltige Flüssigkeit blubbert.

Die Wiesenschaumzikade ist ein Pflanzenfresser und nicht besonders wählerisch, was die Nahrung anbelangt.

Die Wiesenschaumzikade kannst du von Juli bis Oktober beobachten.

Jan | Feb | Mär | Apr | Mai | Jun | **Jul | Aug | Sep | Okt** | Nov | Dez

Der Buchdrucker

Als Erstes finden sich die Männchen auf dem Baum ein. Sie nagen eine „Rammelkammer“ unter der Baumrinde und geben Duftstoffe ab, die die Weibchen anlocken. Nach der Paarung nagt das Weibchen einen sogenannten Muttergang und legt dort die Eier ab, aus denen Larven schlüpfen.

Länge: 4,2 – 5,5 mm • Lebensraum: Nadel- und Mischwälder • Waldschädling

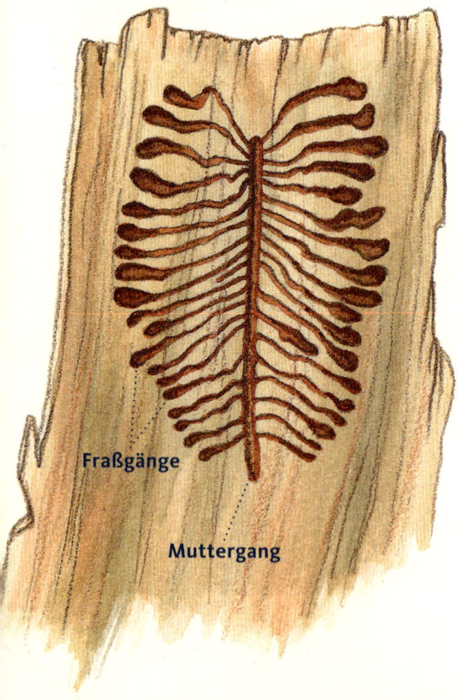

Die Larven des Buchdruckers ernähren sich von Holz und fressen sich senkrecht zum Muttergang durch die Rinde. Da sie immer dicker werden, verbreitern sich die Gänge nach außen. Am Ende des Gangs verpuppt sich die Larve, aus der ein flugfähiger Jungkäfer schlüpft und nach außen kriecht. Untersuche mal umgestürzte Fichten, vielleicht findest du die typischen Fraßspuren des Buchdruckers unter der Rinde, mit den tiefen geraden Gängen (Muttergang) und den seitlich abzweigenden, gewundenen Gängen (Larvengänge). Durch die Fraßmuster werden die Wasser- und Nährstoffleitbahnen des Baums zerstört, er wird krank und stirbt schließlich ab.

Den Buchdrucker kannst du von April bis August beobachten.

Jan Feb Mär Apr Mai Jun Jul Aug Sep Okt Nov De

Die Wespenspinne

Länge: 0,6 – 1,5 cm • Lebensraum: sonnige Wiesen • Männchen braun, Weibchen schwarz-gelb-weiß gestreifter Hinterleib

Die Wespenspinne besiedelt bevorzugt sonnige Wiesen. Ausgewachsene Tiere findest du von Juli bis August. Du erkennst sie sofort. Bis Oktober kannst du sie auf Wiesen oder an Waldrändern beobachten.

Das Netz der Wespenspinne wird meist 20 – 40 cm über dem Boden zwischen Pflanzen gespannt. Es weist einen zickzackförmigen, weiß glänzenden Gespinststreifen, das Stabiliment, auf.

Die Spinne selbst sitzt immer kopfüber in der Mitte des Netzes.

Die Beute der Wespenspinne besteht aus Insekten, vor allem aus Heuschrecken, Bienen oder Wespen. Verfängt sich ein Tier im Netz, wickelt sie es ein, tötet es mit Gift und saugt es dann aus.

Nach der Paarung bauen die Weibchen zwischen August und Oktober einen 3 – 4 cm langen, braunen, ballonförmigen Kokon, in den sie ihre Eier legen. Anschließend sterben sie. Die kleinen Jungspinnen, die im Herbst aus den Eiern schlüpfen, sind in ihrem gemütlichen Kinderzimmer gut geschützt vor der Winterkälte und verlassen es erst im nächsten Frühling.

Die Wespenspinne kannst du von April bis September beobachten.

Der Gemeine Tintenfisch

Am Strand sind oft weißliche Gebilde zu finden, die auf den ersten Blick wie ein Stück Kunststoff aussehen. Sie stammen von einem Tintenfisch (Sepia). Eigentlich müsste es Tintenschnecke heißen, denn Tintenfische sind näher mit Schnecken als mit Fischen verwandt. Statt einer Außenschale, wie Muscheln und Schnecken, besitzen Tintenfische eine innere Schale, die aus Kalk besteht. Man nennt sie „Schulp“. Schau dir einmal einen Schulp mit der Lupe an! Er ist stark gekammert. Die Luft darin gibt dem Tintenfisch Auftrieb und erleichtert das Schwimmen im Meer.

Länge: 60 – 65 cm • Lebensraum: flache Küstenbereiche der Meere, auch Nordsee und Mittelmeer

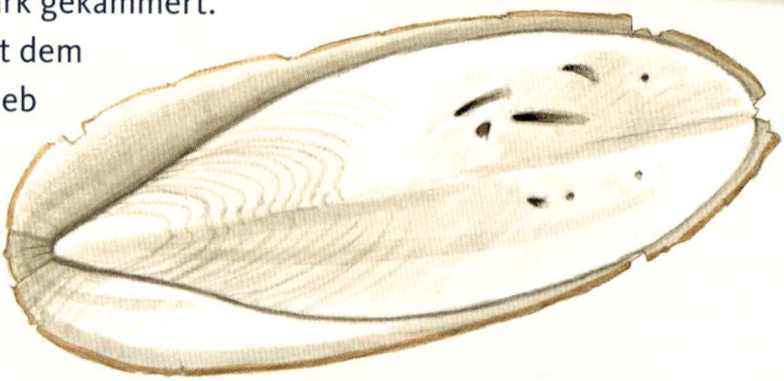

Wichtig zu wissen!

Bei Gefahr setzen Tintenfische ihre Tintendrüse ein, vernebeln dem Angreifer mit einer Wolke Tinte die Sicht und flüchten. Manchmal verstecken sie sich aber lieber. Sie graben sich blitzschnell im weichen Meeresboden ein und passen ihre Hautfarbe der Umgebung an. So sind sie bestens getarnt.

Tintenfischweibchen befestigen ihre Eier an Wasserpflanzen. Reißt eine Pflanze zum Beispiel in einem Sturm ab, kannst du den Pflanzenteil mit den Eiern im Spülsaum finden.

Die Spuren des Gemeinen Tintenfischs kannst du das ganze Jahr über finden.

Jan | Feb | Mär | Apr | Mai | Jun | Jul | Aug | Sep | Okt | Nov | Dez

Die Strandkrabbe

Die Strandkrabbe besitzt einen großen Rückenpanzer. Von toten Strandkrabben kannst du ihn häufig im Spülsaum finden. Auf der Oberseite ist er meist dunkel grünlich bis bräunlich, unten gelblich bis rot gefärbt. Der vordere Teil der Seitenränder hat jeweils fünf Ausbuchtungen. Am Stirnrand befinden sich drei abgestumpfte Zähne.

Größe: 6 cm lang, 8 cm breit • Lebensraum: Nordsee, Atlantik, Ostsee, auf sandigen und felsigen Böden

Wie alle Zehnfußkrebse hat die Strandkrabbe fünf Beinpaare.

Das erste Beinpaar ist zu kräftigen Scheren, die übrigen vier Beinpaare sind als Laufbeine ausgebildet. Mit der großen „Knackschere“ werden harte Beutetiere zerkleinert, mit der kleineren „Pinzettschere“ weiche Nahrung. Verliert das Tier ein Bein oder eine Schere, wachsen die fehlenden Körperteile wieder nach.

Wichtig zu wissen!

Junge Strandkrabben findest du zwischen Steinen und Muscheln, in Seegraswiesen oder im Schlickwatt. Ausgewachsene Tiere leben an Prielrändern oder in Muschelbänken. Strandkrabben atmen im Wasser mit unter dem Rückenpanzer liegenden Kiemen. Überrascht sie aber die Ebbe, können sie eingebuddelt im feuchten Sand bis zu zwölf Stunden außerhalb des Wassers überleben.

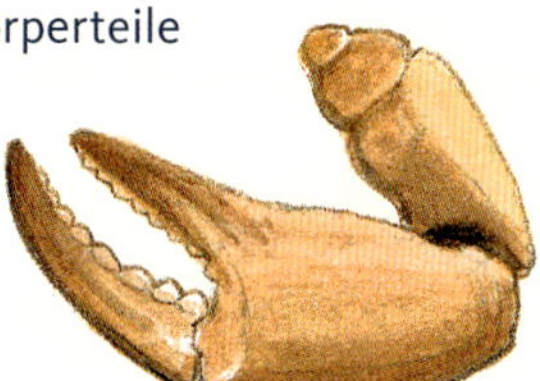

Die Strandkrabbe kannst du das ganze Jahr über beobachten.

Jan | Feb | Mär | Apr | Mai | Jun | Jul | Aug | Sep | Okt | Nov | Dez

Der Kleine Strandseeigel

Seeigel haben einen meist kugelförmigen Körper, der von Stacheln bedeckt ist. Diese können in alle Richtungen bewegt werden und schützen das Tier vor Feinden wie Seesternen, Fischen oder großen Schnecken. Auf der Oberseite des Körpers liegt die Ausscheidungsöffnung, der After. Wenn du das Tier umdrehst, erkennst du den Mund mit dem auffallenden Kauapparat.

Größe: Durchmesser bis zu 4,5 cm, Stacheln 1 cm lang • Lebensraum: Meer und Meeresküsten (Ostsee, Nordsee, europäischer Atlantik)

Wenn bei einem toten Seeigel die Stacheln abgefallen sind, bleibt ein Innenskelett zurück. Es besteht aus starren, miteinander verbundenen Kalkplatten. Oben und unten befindet sich eine Öffnung. Die Ansatzstellen, an denen früher die Stacheln saßen, sehen aus wie verdickte Punkte.

Vorsicht!

Passe am Strand und an Felsenküsten auf, dass du nicht auf einen Seeigel trittst. Die Stacheln brechen leicht ab und bleiben im Fuß stecken. Das kann zu schmerzhaften, eitrigen Entzündungen führen. Stacheln einiger Seeigelarten lassen sich zudem nur schwer entfernen.

Den Kleinen Strandseeigel kannst du das ganze Jahr über beobachten.

Jan | Feb | Mär | Apr | Mai | Jun | Jul | Aug | Sep | Okt | Nov | Dez

Der Wattwurm

Der Wattwurm ist ein typischer Sand- und Schlickbewohner. Er lebt in U-förmigen Wohnröhren, die bis zu 1 m lang werden. Innen sind die Wände durch Körpersekrete versteift und stürzen deshalb nicht ein. Vorne am Kopf hat der Wattwurm eine Art klebrigen Rüssel, den er zur Nahrungsaufnahme in den Sand steckt.

Länge: bis 30 cm • Lebensraum: Mittelmeer, Atlantik, Nord- und Ostsee, in Sand- und Schlickböden

Mach mit!

Bei Ebbe kannst du auf Wattwurmjagd gehen. Grabe den Wurm vorsichtig aus und betrachte ihn mit der Lupe. Das Tier besteht aus 25 Segmenten (Ringen). Die vorderen sechs Segmente tragen auf der Bauchseite jeweils zwei Borstenbündel. Mit ihnen verankert sich das Tier in seiner Wohnröhre. An den restlichen Segmenten siehst du die Außenkiemen. Lasse den Wurm nicht austrocknen und lege ihn bald wieder zurück.

Er frisst Schlick oder Sand, der von oben in die Wohnröhre rieselt, und verdaut die darin enthalten Tierchen, Algen und Reste abgestorbener Lebewesen. Den Sand und sonstige unverdauliche Bestandteile scheidet er als Kot aus.

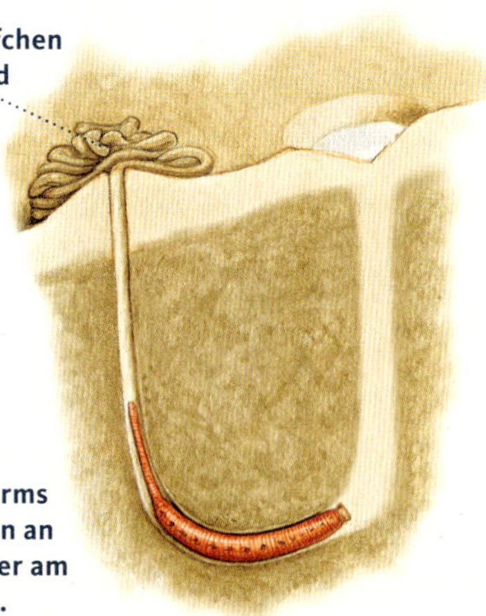

Die Wohnröhre eines Wattwurms erkennst du an dem Kothaufen an dem einen, am Einsturztrichter am anderen Ende der Wohnröhre.

Die Spuren des Wattwurms kannst du das ganze Jahr über finden.

Jan Feb Mär Apr Mai Jun Jul Aug Sep Okt Nov Dez

Die Schwertförmige Scheidenmuschel

Die Schwertförmige Scheidenmuschel lebt senkrecht eingegraben im weichen, sandigen Boden. Mit ihrem Fuß verankert sich die Muschel im Untergrund und filtert mit Hilfe ihrer Kiemen Nahrung aus dem Wasser. Ihr Gehäuse findest du am Strand im Spülsaum. Es sieht wie eine längliche kleine Schachtel aus.

Größe: bis 10 cm lang, 1,3 cm hoch • Lebensraum: Küstengewässer des Nordatlantiks in Wassertiefen von 20–30 m

Wichtig zu wissen!

Muscheln besitzen keine Beine und keinen Kopf. Ihr Weichkörper besteht aus dem Eingeweidesack, einem Fuß und einem Mantel und ist umschlossen von einer zweiklappigen Schale.

Das Vorder- und Hinterende ist abgerundet und klafft auf, weil am Vorderende der Fuß der Muschel und am Hinterende der Sipho, eine Art Atemrohr, austritt.

Die Schalen der Schwertförmigen Scheidenmuschel kannst du das ganze Jahr über finden.

Die Wellhornschnecke

Das Gehäuse der Wellhornschnecke ist kegelförmig und gelblichbraun. Quer zu den Windungen ist es durch schräge Eindellungen gewellt. Tiere, die auf felsigem Untergrund leben, haben eine besonders dicke Schale, damit sie den starken Wellen standhalten können. Tiere mit dünnen Gehäusen besiedeln dagegen weiche, sandige Böden.

Größe: Schnecke bis 12 cm lang, Gehäuse bis zu 11 cm hoch • Lebensraum: Meeresküsten in Tiefen von 5 – 1 200 m, Nordatlantik, Nord- und Ostsee

Im Herbst legt das Schneckenweibchen an Steinen, Felsen oder Muschelschalen ihre faustgroßen Eigelege ab. Sie bestehen aus bis zu 2 000 rundlichen Kapseln, die zwischen 100 und 1 000 Eier enthalten. Im Spülsaum des Strandes kannst du die gelblich weißen, luftigen Eigelege der Wellhornschnecke finden. Früher wurden die leeren Laichballen als Putzschwämme genutzt.

Erstaunlich!

Die Wellhornschnecke frisst vor allem Aas, kranke Tiere und Würmer, Krebse, Muscheln und Seesterne, die sie mit Hilfe ihres langen Siphos, einer Art Rohr, aufspürt. Will sie eine Muschel erbeuten, schiebt sie ihren Gehäuserand zwischen die offene Muschelschale und führt zuerst den Sipho ein. Mit ihrer Raspelzunge frisst sie dann die Muschel auf.

Das Gehäuse der Wellhornschnecke kannst du das ganze Jahr über finden.

Jan | Feb | Mär | Apr | Mai | Jun | Jul | Aug | Sep | Okt | Nov | Dez

Was ein Spurensucher draußen braucht

Wenn du in der Wildnis auf Entdeckungsreise gehst, nimm einen Rucksack mit, denn er ist beim Wandern leichter zu tragen als eine Tasche. Diese nützlichen Dinge solltest du nicht vergessen:

- Sammelbehälter (kleine Tüten, verschließbare Dosen, Gläser)
- Selbstklebeetiketten
- Bleistift und wasserfester Filzstift
- Maßband
- Fotoapparat
- Lupe oder Becherlupe
- Desinfektionstücher

Trittspuren am Boden kannst du mit einem Foto dokumentieren und mit einem Maßband oder einer Schieblehre ausmessen. Legst du, bevor du fotografierst, das Maßband selbst oder einen anderen Gegenstand neben die Spur, hast du sofort eine Vorstellung von der Größe. So kannst du später leichter herausfinden, um welche Spur es sich handelt. Hast du Fraßspuren wie angeknabberte Nussschalen oder getrocknetes Gewölle entdeckt, kannst du diese in Sammelbehälter stecken und mit einem Etikett bekleben. Schreibe den Fundort und das Funddatum darauf und mache am besten gleichzeitig ein Foto der Umgebung der Fundstelle.

Mit Hilfe einer Schieblehre kannst du die Tierspur genau vermessen.

Eine Lupe sollte man immer dabei haben.

Wichtig zu wissen!

Da alle Rückstände von Tieren, ihre Fraßspuren, Losung und Gewölle mit Krankheitserregern behaftet sein können, ist es wichtig, dir die Hände zu waschen, bevor du z. B. etwas isst, die Nase putzt oder die Augen reibst. Als Notbehelf zum Händewaschen unterwegs sind feuchte desinfizierende Tücher ganz praktisch.

Wie verhalte ich mich richtig?

Bist du draußen in der Natur unterwegs, solltest du einige Regeln kennen und einhalten. Sie schützen die Natur und alle Lebewesen.

Mach mit!

Wichtige Verhaltensregeln

- Sprich leise und mache nichts, was Tiere erschrecken kann.
- Wenn du im Wald unterwegs bist, gehe rücksichtsvoll vor und trample nicht alles nieder.
- Zerstöre keine Ameisenhaufen oder andere Tierbauten!
- Untersuche die Laubstreu und den Boden vorsichtig. Auch die dort lebenden Würmer, Spinnen und Insekten sind Lebewesen, die man nicht unnötig erschrecken, geschweige denn quälen sollte.
- In Naturschutzgebieten ist die Entnahme aller Pflanzen und Tiere verboten!
- Linsen von Lupen bündeln die Sonnenstrahlen. Lasse daher eine Lupe nicht so einfach in der Sonne liegen. Sie kann trockenes Gras oder Heu entzünden!
- Vergiss nicht, nach dem Picknick im Wald, Butterbrotpapier, Flaschen, Plastikbeutel und die Reste der Mahlzeit wieder einzupacken und zu Hause zu entsorgen. Dasselbe gilt für alle Gegenstände, die du für Experimente und Spiele mit in den Wald nimmst!

Wo finde ich Tiere und ihre Spuren?

Wer Tiere aufspüren will, muss ihre Lebensweise kennen und wissen, wo und wann sie ihre Spuren hinterlassen. Auf eintönigen Äckern, stark gedüngten Wiesen, häufig gemähtem Rasen oder in dichten Fichtenforsten können die meisten Tierarten nicht überleben, denn hier finden sie weder Unterschlupf noch Nahrung. Doch wenn die Landschaft, in der du spazieren gehst, abwechslungsreich ist, wirst du dort auch Spuren von Tieren entdecken.

Unter dem größten Maulwurfshügel könnte das Sommernest liegen.

Es lohnt sich immer, an kleinen Tümpeln oder Bächen nach Tierspuren zu suchen.

Kleine Lebensräume

Achte besonders auf kleine Lebensräume (Habitate) wie Baumstümpfe, Totholz, dürre Äste, Pfützen, feuchte Wege, Tümpel, Waldbäche, Holz-, Laub und Steinhaufen.

Hat sich hier ein Wildschwein am Baum gerieben?

Wie ist das Nahrungsangebot in den Flächen, die du durchwanderst? Gibt es blühende Sträucher, Blumen, Kräuter, Beeren und andere Waldfrüchte? Erforsche vor allem die Grenzzonen zwischen zwei Lebensräumen (z. B. Waldränder, Lichtungen, Feuchtgebiete rund um Gewässer), denn diese werden von besonders vielen Tieren genutzt. Uferbereich und Röhrichtzonen sind Brutplatz verschiedener Wasservogelarten und Entwicklungshabitat vieler Insekten. Wenn du Glück hast, kannst du sogar die Spuren eines Bibers entdecken.

Hier hat ein Biber nahe der Stadt ganze Arbeit geleistet.

Kleine Tierchen oder deren Spuren lassen sich in den Ritzen und Rissen der Borke alter Baumriesen, auf der Unterseite von Blättern und oder in den Blüten von Kräutern oder Blumen finden. Vielleicht entdeckst du dabei im Wald einen Wildwechsel. So nennt man Wege, die Tiere regelmäßig nutzen. Wenn du die dort hinterlassenen Trittspuren und Fährten genau untersuchst, wirst du erkennen, ob hier Rehe, Hirsche, Wildschweine, Fuchs oder Feldhase unterwegs waren. Die auf Wildwechseln hinterlassene Losung hilft dir dabei, die Spuren richtig zu deuten. Im Schnee lassen sich Trittspuren sogar besonders gut erkennen und fotografieren.

Gerade im Schnee kannst du gut einen Wildwechsel erkennen.

Trittspuren von Haus- und Nutztieren

Haus- und Nutztiere sind Tiere, die vom Menschen gezüchtet wurden. Sie stammen von Wildtieren ab, unterscheiden sich aber von ihnen in vielen Eigenschaften. Hund, Katze, Schaf, Ziege, Schwein und Pferd sind für dich mehr als bekannte Tiere. Aber erkennst du auch ihre Trittspuren? Weißt du, dass, wenn es um ihre Spuren geht, man eine erste Unterteilung durch ihre Laufart treffen kann? Und wenn dir im Reitstall ein Pferd auf die Füße tritt, spürst du, dass es dies nur mit seinen Zehenspitzen tut?

Wichtig zu wissen!

Der Mensch zählt ebenso wie Affe, Bär, aber auch z. B. Igel, Hase und Dachs zu den Sohlengängern. Beim Gehen berührt der ganze Fuß von der Ferse bis zu den Zehen den Boden.

Hunde- und Katzentrittspuren findest du leicht um Ställe, Bauernhöfe oder im Garten. Manche Katzen ruhen sich auch gerne auf einer warmen Motorhaube eines Autos aus. Haben sie schmutzige Pfoten, dann kannst du auf dem Lack ihre Abdrücke finden.

Hund
Maße: je nach Rasse unterschiedlich groß

Hauskatze
Maße: 3,5 – 4,5 cm lang, 3 cm breit

Hunde und Katzen sind **Zehengänger**, das bedeutet, beim Gehen berühren nur die Zehen (drei Zehenglieder) den Boden.

1. **Unterschenkel**
2. **Handgelenk**
3. **Mittelhandknochen**
4. **Zehen**

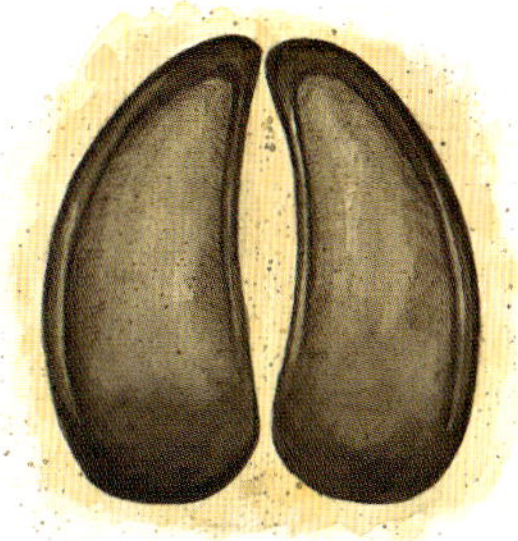

Rind
Maße: 10 – 12 cm lang, 9 – 10 breit

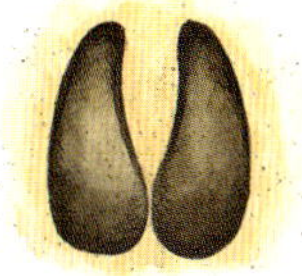

Ziege
Maße: 6 cm lang, 5 cm breit

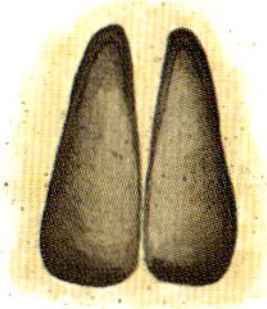

Schaf
Maße: 5 – 6 cm lang, 4 – 5 cm breit

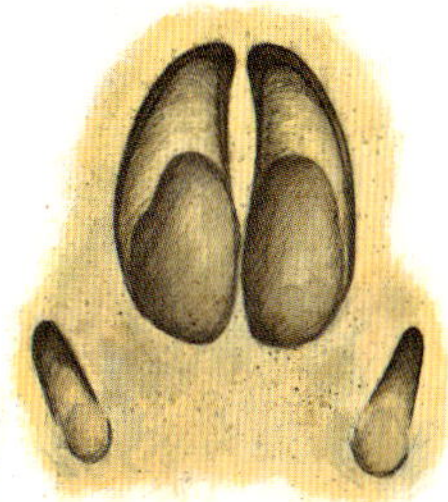

Schwein
Maße: ca. 6,5 cm lang

Rinder, Ziegen, Schafe und Schweine besitzen eine gerade Anzahl von Zehen (zwei oder vier). Man nennt sie auch **Paarhufer.** Im Gegensatz zu Hund und Katze sind es **Zehenspitzengänger**. Das heißt, sie setzen beim Laufen nur die Spitze des vordersten Zehengliedes auf den Boden auf.

Pferde und Esel sind **Einhufer**. Bei ihnen berührt eine Zehe (die vom Huf umhüllte Mittelzehe) den Boden. Da Einhufer nur das letzte Zehenglied aufsetzen, zählen auch sie zu den **Zehenspitzengängern**.

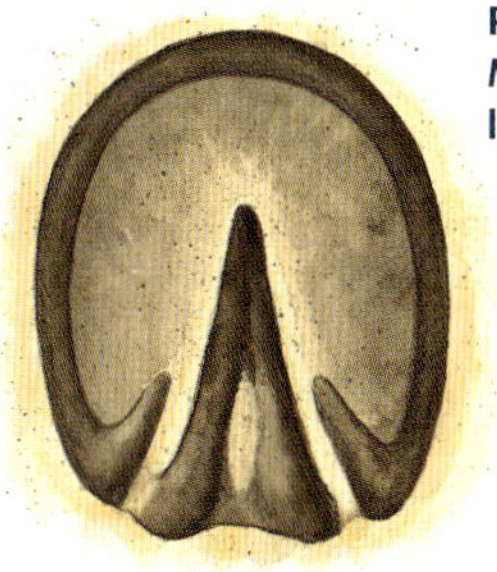

Pferd
Maße: 10 – 13 cm lang, 10 – 12 cm breit

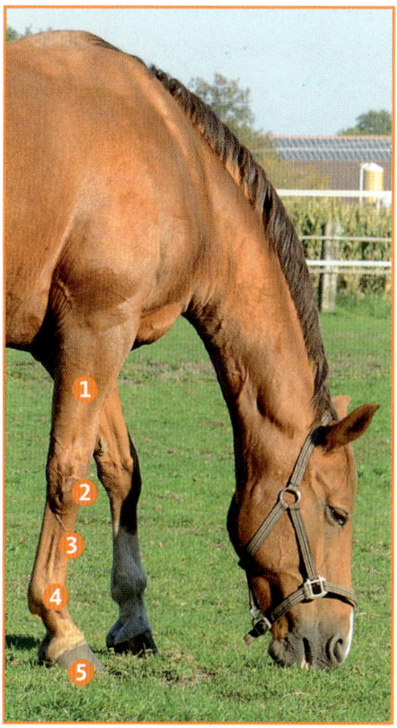

1. **Unterarm**
2. **Vorderfußwurzelgelenk**
3. **Röhrbein**
4. **Fesselgelenk**
5. **Huf (Zehenspitze)**

Ins Netz gegangen

Willst du wissen, welche Spinne am Werk war? Dann sieh dir das Spinnennetz genau an. Jede Webspinnenart macht ihre eigene Netzform. Die Form verrät dir etwas über die Fangmethode und die Lebensweise der Spinne.

Die **Gartenkreuzspinne** sitzt meist in der Mitte ihres radförmigen Netzes und wartet dort auf Beute. Hat sich ein Beutetier in den klebrigen Netzfäden verfangen, läuft sie sofort darauf zu, lähmt es mit ihrem Gift und spinnt es ein. Ist sie hungrig, saugt sie das Beutetier gleich aus. Wenn nicht, nimmt sie die umwickelte Beute und befestigt sie als Vorratspäckchen am Rand des Netzes.

Wichtig zu wissen!

Für den Menschen sind unsere heimischen Spinnenarten wie die Gartenkreuzspinne nicht gefährlich, denn mit ihren kurzen Giftklauen können sie die menschliche Haut in der Regel nicht durchdringen. Und tödlich wäre ihr Gift ohnehin nicht.

Die **Wespenspinne** (Seite 71) legt ihr Netz in Bodennähe an, denn sie fängt hauptsächlich Heuschrecken. Du erkennst das Netz am zickzackförmigen Muster der Fäden ober- und unterhalb der Radnetzmitte. Ob dieses „Stabiliment“ das Netz kräftiger macht (stabilisiert), ob es dabei helfen soll, Beuteinsekten anzulocken oder ob es zur Tarnung oder Abwehr von Vögeln dient, ist bisher nicht geklärt.

Trichterspinnen bauen ein trichterförmiges Netz (ohne Klebefäden) mit röhrenförmiger Wohnhöhle. Das Spinnennetz ist zur Wohnhöhle hin wie ein Trichter geformt. In ihr wartet die Spinne auf Beute. Gerät ein Beutetier auf das Netz, stürzt die Spinne nach draußen, ergreift es und zieht sich wieder in die Wohnhöhle zurück, um zu speisen.

Mach mit!

Um Spinnen zu beobachten, musst du nicht durch Wald und Wiese wandern. Überall im Haus, im Keller, auf dem Balkon und im Garten kannst du ihre Spuren entdecken. Schau dir die Netze genau an und versuche herauszufinden, wie sie damit ihre Beutetiere jagen. Frühmorgens im Herbst, wenn sich Tautropfen darauf ablagern, sind die Gespinste besonders gut sichtbar. Tipp: Wenn du draußen im Garten Gebüsch, Gräser und Blumen mit Wasser aus einer Sprühflasche benetzt, kannst du die feinen Fäden der Netze besser sichtbar machen und fotografieren.

Baldachinspinnen bauen dichte, dreidimensionale, waagrecht ausgerichtete Netze in mehreren „Stockwerken“ mit spitzem Dach, das an einen Baldachin (Zierdach) erinnert. Sie hängen meist mit dem Rücken nach unten an der unteren Gespinstdecke und lauern auf Beute. Hat sich in den oberhalb des Netzes befindlichen unregelmäßig verspannten Fäden („Stolperfäden“) ein Beutetier verfangen, bewegt sich die Baldachinspinne, sodass die Netzfäden in Bewegung geraten und das Insekt auf den Netzteppich fällt. Dann läuft sie zu ihrer Beute, zieht sie durch das Netz und saugt sie aus. Anschließend bessert sie das Netz wieder aus.

Spuren am Strand

Am Strand, im Übergangsbereich zwischen Land und Meer, findest du besonders viele Tiere und deren Spuren. Denn jeden Tag schwemmt die Flut Treibgut aus dem Meer an. Es bleibt am Strand liegen und sammelt sich im Spülsaum. Nicht alle Tiere und Tierreste, die man dort zwischen Tang, Algen und Seegras findet, lebten an der Küste. Manche wurden durch Stürme aus ihrem Lebensraum im Meer weit weg von der Küste losgerissen und mit dem Wind und den Wellen an den Strand geschwemmt.

Miesmuschelschalen eignen sich gut zum Sammeln.

Miesmuscheln graben sich nicht in den Sand ein, sondern leben oberirdisch. Damit sie von der Strömung nicht weggespült werden, bilden sie Eiweißfäden (Byssusfäden), die sie dann mit ihrer Fußspitze auf Steinen, Holz oder auf ihren (abgestorbenen) Artgenossen befestigen. So können Muschelbänke mit bis zu 3000 Tieren pro Quadratmeter entstehen. Hast du schon einmal die Innenseite einer Miesmuschelschale angeschaut? Sie glänzt und schimmert in allen Farben. Perlmutt nennt man diese Schicht, die als Schutz gegen Fressfeinde dient und viele Muschelschalen oder Schneckengehäuse auskleidet.

Napfschnecken sehen außen bräunlich-grün und ziemlich unscheinbar aus. Innen ist die Schale allerdings mit schillerndem Perlmutt ausgekleidet und oft mit abwechselnden weißen und dunkelbraunen strahligen Streifen gezeichnet. Mit ihrem unregelmäßigen Schalenrand passen sich die Schnecken dem Fels an, auf dem sie sitzen. Mit ihrer rauen Zunge raspeln sie den Algenbewuchs ab.

Ein perfekter Napf

Seepocken sehen aus wie weißliche Kegel, es sind aber Krebstiere, die festgehaftet auf Steinen und Felsen, aber auch auf Krebsschalen, Muscheln- oder Schneckengehäusen leben. Mit ihren Rankenfüßen filtern sie feine Schwebstoffe und Kleintiere aus dem Meerwasser.

Seepocken kann man leicht erkennen.

Bernstein kann ganz verschieden aussehen.

Mach mit!

An Stränden der Nord- und Ostseeküste kannst du nicht nur graue Kieselsteine finden. Mit etwas Glück entdeckst du gelbliche bis ockerfarbene, leicht durchsichtige Steinchen. Das ist Bernstein, uraltes versteinertes Harz von Laub- und Nadelbäumen. Manchmal sind sogar kleine Insekten oder Pflanzenteile eingeschlossen. Wenn du ein Bernsteinstück in die Hand nimmst, merkst du, dass Bernstein leicht ist, leichter als Felsgestein. Er schwimmt in Salzwasser an der Oberfläche und lädt sich elektrostatisch auf, wenn man daran reibt. Teste dein Fundstück! Ist es echter Bernstein?

Seemäuse sind nicht etwa Mäuse, die im Meer leben. Es sind die Eier des Katzenhais. Manchmal nennt man sie auch „Nixentäschchen“. Die hornigen Kapseln sehen aus wie rechteckige Plastik-Ravioli. An den Ecken tragen sie eingerollte Fäden, mit denen sich die Eikapsel an Seetang oder anderen Meerespflanzen verankert. In jeder Eikapsel entwickelt sich ein Hai-Embryo, der zum Katzenhai heranwächst. Für Menschen ist dieser Hai völlig ungefährlich.

Leere Eihülle des Katzenhais

Am Spülsaum findet man immer etwas Interessantes.

Ein Bastkörbchen eignet sich zum Sammeln und Ausstellen.

Sammeln und Ausstellen

Wie wäre es mit einer **Sammelaktion und Ausstellung** von Tierspuren in deiner Klasse? Aus den großen Ferien bringt jeder ein oder zwei Fundstücke mit, die er besonders toll oder interessant findet. Und es ist natürlich egal, wo man unterwegs war. Das kann ein wunderschön erhaltenes Schneckenhaus aus dem Gebüsch neben dem Sportplatz sein, das du mit deinen Freunden entdeckt hast. Oder ein leeres Hai-Ei vom Spülsaum des Mittelmeers. Vielleicht eine winzigkleine weiße Muschelschale, die man gerade noch vor der nächsten Welle retten konnte. Fraßspuren an Blättern, Nüssen oder Zapfen gelten natürlich auch.

Zu Schulbeginn werden die Fundstücke dann zu einer Ausstellung aufgebaut. Dazu faltet ihr kleine Aufsteller aus weißer Pappe und schreibt auf das entsprechende Schildchen den Namen des Tiers oder der Spur und vielleicht noch den Fundort. Man kann auch eine farbige Pappe als Unterlage verwenden und beschriften.

Mach mit!

Fraßspuren wie Zapfen, Nussschalen, angefressene Blätter, Gallen und Gewölle kannst du in beschrifteten Schachteln z. B. in Käseschachteln oder Holzkistchen aus dem Baumarkt sammeln.

Mach mit!

Willst du dir zu Hause eine Muschel- oder Schnecken-sammlung zulegen? Dann solltest du die Schalen und Gehäuse zuerst mit einer Nagel- oder Zahnbürste und Leitungswasser säubern und gut trocknen lassen. Du kannst sie zusammen mit einem Etikett, auf dem der Name, der Fundort und das Datum notiert sind, in kleine Papp- oder Streich-holzschachteln stecken oder z. B. in einem Nagelkasten aufbewahren.

Wichtig zu wissen!

Nach dem Gesetz ist das Mitnehmen von Federn heimischer und wild lebender Vogelarten ohne Genehmigung verboten. Erlaubt ist, Federn von Nutztieren wie Hühnern, Enten oder Gänsen zu sammeln. Auch in Tierparks musst du erst fragen, bevor du Federn behalten darfst.

Willst du herausfinden, was ein Gewölle enthält, löst du den Ballen in einer flachen Schale mit Wasser auf oder zerzupfst einfach das Gewölle mit Hilfe einer Stricknadel und einer Pinzette. Die trockenen Knochenteile kannst du auf Pappe aufkleben und beschriften oder in einer Schachtel aufbewahren.

Kunst und Spaß mit Spuren

Naturtagebuch

Es regnet, aber du hast keine Lust zu Lesen oder vor dem Computer zu sitzen? Dann macht es dir vielleicht Spaß, ein Naturtagebuch zu führen. Anfangs ist es nur ein Ringbuch mit leeren Papier- oder Pappeseiten: entweder gekauft oder selbst gemacht, z. B. aus gelochtem Tonpapier, mit einer Kordel zusammengebunden und einem Einband aus Pappe oder Wellpapier mit Etikett. Nach und nach verwandelt sich das leere Buch in ein buntes Album. Denn auf jede Seite schreibst du deine Erlebnisse, klebst passend dazu Fotos und gepresste Blätter mit und ohne Fraßspuren ein oder heftest Federn dazu. Selbstgemalte Zeichnungen und ein paar Zeilen über besondere Beobachtungen dürfen nicht fehlen.

Schöne Schachteln

Male den Innenteil leerer Streichholzschachteln farbig aus. Oder klebe Motive aus Zeitschriften in die Schachteln. Lege in jede Schachtel ein passendes Fundstück und fixiere es mit Bastelkleber. So sieht jede Schachtel anders aus. Klebst du mehrere Pappschachteln aneinander fest, hast du ein hübsches Regal. Sind die Fundstücke größer, kannst du auch Holzkästchen aus dem Baumarkt nehmen. Auch die kann man bemalen und das Innere mit unterschiedlichem Papier, Watte oder Moos auslegen.

Federschmuck
Kleine, feine Federn eignen sich besonders gut als Schmuckanhänger. Fädele drei bis vier Perlen auf ein Stück biegsamen Draht und forme an einem Ende eine Schlaufe. Am anderen Ende schiebst du den Federkiel zum Draht in die Perle, bis er feststeckt. Deinen Federanhänger kannst du als Schmuck an einem Lederband tragen oder an einen Ohrring-Rohling hängen. Noch schneller fertig ist der Indianerschmuck, wenn du große Federn innen an ein Haarband aus Stoff nähst oder an ein Papierband klebst, das auf deinen Kopf passt.

Kunstwerke
Viele Spuren, die Tiere hinterlassen haben, sind so dekorativ, dass man sie als Kunstwerke aufstellen oder zum Basteln verwenden kann. Manchmal macht es Spaß, gleich draußen mit den Fundstücken etwas zu entwerfen. Aber auch für zu Hause gibt es jede Menge Ideen. Auf einem mit Vogelsand oder Moos gefüllten Tablett kannst du deine Fundstücke wie Treibholz, Eiballen der Wellhornschnecke und Seeigelreste zu einem dreidimensionalen Bild anordnen. Muschelschalen und Schneckengehäuse wirken besonders schön, wenn sie auf weiß angemalter Pappe oder Leinwand aufgeklebt und eingerahmt sind. Mit starkem Klebstoff halten Muschelschalen auch auf Bilderahmen, Holzkästchen oder auf Ohrclip-Rohlingen.

Schnelle Suche mit Stichwörtern

Mit Sternkarte und nachtleuchtenden Stickern

Justina Engelmann
Mein erstes Unterwegs zum Sternegucken
96 S., ca. 300 Abb., €/D 14,99

Den großen Wagen kennt jeder, aber weißt du auch, wo der Orion am Himmel steht? Mit der drehbaren Sternkarte lassen sich die Sternbilder mühelos entdecken und auf den Entdeckerseiten eintragen. Extraseiten bieten jede Menge einprägsames Zusatzwissen für kleine Hobbyastronomen.

Bärbel Oftring
Mein erstes Unterwegs in meinem Garten
96 S., 240 Abb., €/D 13,99

Wenn dich im Frühling die ersten Sonnenstrahlen in der Nase kitzeln, dann nichts wie rein in die Gummistiefel und raus in den Garten! Töpfe mit Erde füllen, Samen anziehen, Beete vorbereiten und pflegen; verschiedene Kräuter anbauen und eigene Erdbeeren oder Himbeeren pflanzen. Ein richtiges Gartenbuch für kleine und große Gärtner! Ein jahreszeitlicher Überblick zeigt klar, was du wann im Garten machst und was du tun kannst, wenn es mal nicht wächst.

Anita van Saan
Mein erstes Unterwegs auf Spurensuche
96 S., ca. 300 Abb., €/D 12,99

Einen Dachs bei der Futtersuche, eine Rosengallwespe beim Schlüpfen oder eine Weinbergschnecke bei der Eiablage beobachten? Mit den richtigen Tipps und Tricks kannst du diese und viele andere Entdeckungen machen. Mit diesem Buch bist du für Expeditionen in die Natur bestens ausgerüstet und wirst ganz schnell zum perfekten Fährtenleser!

Fraß- und Bissspuren

Der Rothirsch
Seite 24 – 25

Das Reh
Seite 26 – 27

Das Wildschwein
Seite 28 – 29

Der Biber
Seite 30 – 31

Der Steinmarder
Seite 34

Das Wildkaninchen
Seite 36

Das Eichhörnchen
Seite 38

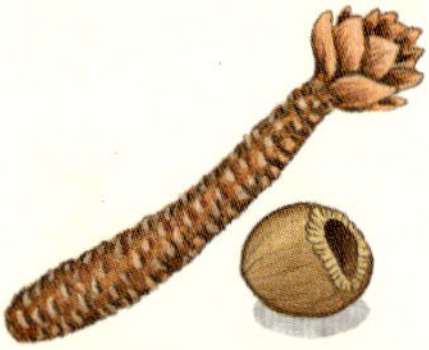

Die Feldmaus
Seite 41

Die Drossel
Seite 43

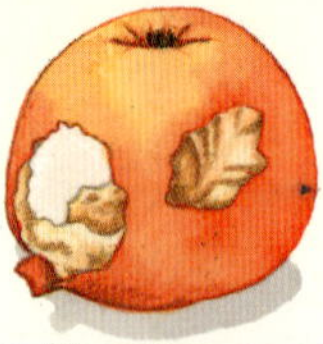

Die Amsel
Seite 44

Der Kleiber
Seite 45

Der Buntspecht
Seite 46

Der Neuntöter
Seite 47

Schnecken
Seite 60 – 61

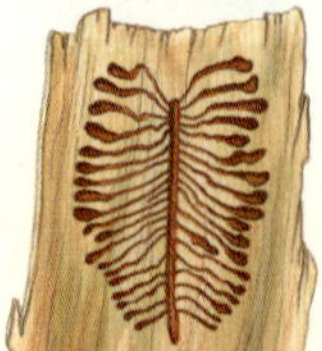

Der Buchdrucker
Seite 70